H型钢轧制质量研究

马劲红　张荣华　崔　岩　李红斌　著

北　京
冶金工业出版社
2014

内 容 简 介

　　本书从 H 型钢轧制质量出发，针对 H 型钢轧制过程中存在的理论问题和实际问题，采用数值模拟和实验研究相结合的方法，对 H 型钢的轧制变形过程进行系统的分析，提出了控制 H 型钢轧制质量的实际措施。本书注重解决生产实际问题，具有一定的理论价值和实用价值。

　　本书可供与 H 型钢轧制技术相关的生产、科研、设计、管理以及教学人员参考、使用。

图书在版编目（CIP）数据

　　H 型钢轧制质量研究/马劲红等著 . —北京：冶金工业出版社，2014. 8
　　ISBN 978-7-5024-6645-9

　　Ⅰ . ①H…　Ⅱ . ①马…　Ⅲ . ①型钢—质量管理—研究
Ⅳ . ①TG142

　　中国版本图书馆 CIP 数据核字（2014）第 170504 号

出 版 人　谭学余
地　　址　北京市东城区嵩祝院北巷 39 号　邮编　100009　电话　（010）64027926
网　　址　www. cnmip. com. cn　电子信箱　yjcbs@ cnmip. com. cn
责任编辑　常国平　美术编辑　吕欣童　版式设计　孙跃红
责任校对　郑　娟　责任印制　李玉山
ISBN 978-7-5024-6645-9
冶金工业出版社出版发行；各地新华书店经销；北京百善印刷厂印刷
2014 年 8 月第 1 版，2014 年 8 月第 1 次印刷
148mm×210mm；5.5 印张；160 千字；164 页
30. 00 元
冶金工业出版社　投稿电话　（010）64027932　投稿信箱　tougao@ cnmip. com. cn
冶金工业出版社营销中心　电话　（010）64044283　传真　（010）64027893
冶金书店　地址　北京市东四西大街 46 号（100010）　电话　（010）65289081（兼传真）
冶金工业出版社天猫旗舰店　yjgy. tmall. com
　　　　　　　　（本书如有印装质量问题，本社营销中心负责退换）

前　言

H 型钢在万能轧制过程中由于腹板和翼缘在不同的变形区域进行变形，其变形规律和金属流动规律十分复杂，而且变形不均匀，因此在 H 型钢轧制过程中必然存在变形不均匀的现象。另外，由于腹板比较薄、翼缘比较厚，在轧制过程中腹板的散热面积大、翼缘散热面积小，特别是 R 角部分厚度较大，而且散热面积小，因此其温度最高。因此，在 H 型钢轧制过程中，R 角温度最高、翼缘温度次之、腹板温度最低。由于变形不均匀，会导致 H 型钢在轧制过程中出现腹板或翼缘波浪，甚至拉裂等现象。另外，由于腹板和翼缘变形不均匀，必然使 H 型钢端部出现舌形。由于变形不均匀和 H 型钢在轧制过程中存在断面温差，因此在轧后 H 型钢中必然存在残余应力和残余应变，影响了 H 型钢的使用性能。H 型钢的轧制工艺会影响 H 型钢的微观组织，同时影响轧后 H 型钢的综合力学性能。H 型钢的轧后冷却过程也影响 H 型钢存在的残余热应力。

本书从上述 H 型钢轧制过程中存在的理论问题和实际问题出发，采用数值模拟和实验研究相结合的方法，对 H 型钢的轧制变形过程进行系统分析，从理论和实践角度提出了解决 H 型钢轧制生产中存在的难题的具体措施。

　　本书共分6章。第1章主要介绍了 H 型钢轧制生产的发展历史和存在问题；第2章对 H 型钢腹板和翼缘均匀延伸进行了研究；第3章对 H 型钢端部舌形成因进行了分析，并对端部舌形长度提出了控制措施；第4章针对 H 型钢轧制过程中存在的残余应力和残余应变进行了分析；第5章对 H 型钢轧制工艺参数对微观组织的影响进行了数值模拟和实验分析，并对其综合力学性能进行了测试，提出如何通过优化轧制工艺参数，改善轧后微观组织，从而提高 H 型钢综合力学性能；第6章通过优化轧后冷却方案，减少轧后 H 型钢中的残余热应力。

　　本书主要面向研究生和从事 H 型钢轧制生产的工程技术人员。第1章由张荣华著，第3章由崔岩和李红斌合著，其余章节由马劲红著。本书在写作过程中得到了河北联合大学冶金与能源学院教师郑申白和研究生陶彬的帮助，特此表示感谢！

　　本书由于写作时间仓促和著者水平有限，难免存在不妥之处，欢迎专家和读者批评指正。

作　者

2014 年 5 月

于河北联合大学

目　录

1 H型钢发展综述

1.1 H型钢的发展简介

1.1.1 国外H型钢发展状况

19世纪中期，在工业革命的推动下，钢铁行业得到快速发展，但角钢等简单截面型材不能满足工程设计强度要求，为了解决这一难题，法国人兹尔在1847年通过四个角钢和一块钢板焊接，发明了工字钢。工字钢较角钢等型材具有更大的抗弯系数、节约金属等特点，得到快速的发展。但是由于焊接的工字钢腿部窄小、性能不稳定，不适合做承受纵向弯曲的柱形或桩形建筑构件，而二辊和三辊轧机较难生产出窄腿有斜度的工字钢。不久后在1850～1860年美国发明了万能轧机。万能轧机的问世为轧制宽腿无斜度的工字钢创造了机械条件。

1897年Henry Grey等人研究表明，实际轧制生产中一台万能轧机不能同时解决H型钢腿部宽展和翼缘腿尖的加工问题，必须有一部二辊轧边机控制翼缘边部的宽展。人们利用一部二辊轧边机和万能轧机连轧的形式从而解决了H型钢腿部宽展和腿尖加工问题。这一研究成果的出现极大地推动了H型钢的快速发展。

1902年迪弗丹日H型钢厂建立了第一条工业化H型钢万能轧制生产线。1908年美国和德国均成功地建立了采用格林法生产H型钢的生产线。这种生产方式一直持续到1955年。1955年后，建筑行业快速发展，建筑上需要轧钢厂提供腿和腰部很薄的平行腿工字钢。于是在1958年欧洲开发了IPE工字钢系列，由于IPE系列工字钢断面如英文大写字母"H"，故人们称其为"H型钢"。

20世纪60年代后世界钢铁工业的发展使得H型钢轧机得到迅速

的发展，大多数国家开始新建或改建 H 型钢生产线。这时候世界共有大型轧机 74 套，轨梁轧机 24 套，宽边钢梁轧机 12 套。1970 年后计算机技术在工业上成功应用，轧制结构和轧制工艺进一步完善。20 世纪 80 年代世界 H 型钢产量达到 2000 万吨，占世界钢材总量的 3% ~6%。1987 年全世界拥有 70 多套 H 型钢生产轧机，到 20 世纪末全世界拥有 88 套 H 型钢轧机。到目前为止，世界约有 110 套 H 型钢生产线，年产量在 2000 万吨左右。占 50% 总产量的 H 型钢产自日本、美国和德国[1]。

1.1.2 国内 H 型钢发展状况

我国 H 型钢发展较晚，直到 20 世纪 90 年代初个别企业使用 650 生产车间改造几条小型 H 型钢生产线。但是由于设备和产品质量问题没有形成规模。1998 年马鞍山钢铁公司建立了我国真正意义的 H 型钢生产线。该生产线是由德国德马克公司、西门子公司和美国依太姆公司共同设计而成。同年 11 月莱芜钢铁公司从日本引进 H100 ~ H400 生产线投产。至此我国国内钢铁行业才弥补了没有 H 型钢生产线的空缺。

20 世纪 90 年代初期，为满足我国热轧 H 型钢的市场需求，国内的钢铁生产企业先后利用 650 中型轧机车间改造成了几条小型 H 型钢生产线，其中马鞍山钢铁公司的中型厂及鞍山市的轧钢厂由 650 车间改造的小型热轧 H 型钢生产线，由于装备水平落后、产品质量达不到要求等问题，并未形成大规模生产；鞍山市的第一轧钢厂引进美国的二手热轧 H 型钢的生产设备，并且生产了部分的产品，由于当时国内没有合适的坯料，只能够采用外购坯料生产，这就导致了企业经营陷入困境最终停产；秦皇岛市的华兴轧钢厂投产后由于技术原因未能正常生产，现已搬迁至莱芜钢铁公司。以上四家热轧 H 型钢生产线是国内较早的生产线，由于投产时间早，产品规格范围小，并没有形成系列产品，产品的市场开发难度大，投产后产品售价远远高于工字钢，因此上述生产单位在投产后均未形成规模生产。

20 世纪末，我国的热轧 H 型钢产业在国家有关部门的热心支持下得到了很快发展，马鞍山钢铁公司从德国的曼内斯曼·德马克公司、西门子公司和美国依太姆公司引进技术和设备，组成了我国第一条热轧 H 型钢及普通大型型钢生产线，并于 1998 年 9 月建成投产。该生产线具有 20 世纪 90 年代的世界先进工艺水平，以近终形的异形连铸坯作为原料并使用"U－E－U"的串列形式可逆的连轧工艺。其中的一期工程设计的年产量为 60 万吨，二期的年产量为 100 万吨，生产的热轧 H 型钢的产品规格范围为 H200～700mm 的生产线。1998 年 11 月，山东省的莱芜钢铁公司建成了热轧 H 型钢规格为 H100～350mm 生产线，该生产线采用日本新日铁公司的主体机械设备和东芝公司的全套电器及自动控制设备，设计的年产量为 50 万吨。这两条生产线的投产，结束了国内无法生产热轧 H 型钢的现状。随着我国热轧 H 型钢产量的不断增长，并且增长的幅度也很大，到 2002 年我国的热轧 H 型钢的产能就已经达到了 117.53 万吨，远远超过当初的设计生产能力，国产热轧 H 型钢已初具规模，极大地推动了中国钢结构事业的发展。

"十一五"期间，我国国内又有多条热轧 H 型钢生产线相继建成或在建。马鞍山钢铁公司、莱芜钢铁公司通过新上轧机进一步扩大生产能力，产品规格形成配套。山东省的日照钢铁有限公司的热轧 H 型钢生产线的生产规格为 H100～350mm，于 2004 年年初顺利投产；河北省的津西钢铁有限公司的热轧 H 型钢生产线生产规格为 H250～900mm，以及两条小规格的生产线已经顺利投产；山西省长治钢铁筹建的热轧 H 型钢项目业已投产；鞍山钢铁、包头钢铁公司和攀枝花钢铁公司的轨梁轧机完成了万能化的改造，完全可以生产热轧 H 型钢。在 2005 年我国热轧 H 型钢的产能为 400 多万吨左右。2008 年的美国次债危机对中国的钢铁产业造成了严重的冲击，同时这也反映了我国钢铁产业自身的内部问题——产量高、质量不高、产能过剩等，这次经济危机也是我国钢铁行业的一个洗牌过程，即使是这样，我国的热轧 H 型钢需求仍有很大的市场空间，我国在高层建筑以及基础建设中采用的结构钢比重与西方发达国家相比还有很大的差距。所以说，我国的热轧 H 型钢的市场空间还是相当可观的[2~5]。

中国的 H 型钢发展已有二十年的时间，虽然时间比较短，但是发展比较快，并且取得了不错的成绩。然而随着我国国内热轧 H 型钢生产能力的急速扩张，热轧 H 型钢的竞争将更趋激烈，整个热轧 H 型钢行业即将面临挑战。但同时这也表明中国内地的钢结构市场得到了快速发展，同时市场的急剧变化、动荡将促进整个热轧 H 型钢行业重新洗牌、优胜劣汰，这对处在发展中的中国热轧 H 型钢产业来讲，并不是一件坏事，它能够促进热轧 H 型钢产业的调整及向优良正规化方向发展。

1.2　H型钢分类、特点和应用

1.2.1　H型钢分类

众所周知 H 型钢的品种规格很多：按用途分为柱型和梁型；按单位质量分为轻型、中型和重型；按翼缘分为宽边、中边和窄边。根据国标 GB/T 11263—1998《热轧 H 型钢和部分 T 型钢》规定，H 型钢依截面分为如下四个系列[6]：

（1）宽翼缘 H 型钢 HW。截面规格为 $100mm \times 100mm \sim 400mm \times 400mm$，其翼缘较宽，截面宽高比为 1:1，常用作支撑柱。宽翼缘 H 型钢弱轴的回转半径相对较大，具有良好的受压承载力。

（2）中翼缘 H 型钢 HM。截面规格为 $150mm \times 100mm \sim 600mm \times 300mm$。中翼缘 H 型钢常用于柱和梁，翼缘宽度比宽翼缘 H 型钢窄一些，截面宽高比为 1:1.3 ~ 1:2。

（3）窄翼缘 H 型钢 HN。截面规格为 $100 \sim 900mm$，具有良好的受弯承载力，常用作梁。其翼缘较窄，又称为梁型 H 型钢。

（4）薄壁 H 型钢 HT。热轧轻型薄壁 H 型钢是近年来 H 型钢产品家族中刚刚兴起的一种新产品、新材料，与普通热轧 H 型钢相比，热轧轻型薄壁 H 型钢在其承载负荷应用范围内具备"轻、薄"的特点，其质量轻，金属消耗量少，具有节省金属、刚度性能好、更利于环保等优点；与同类焊接 H 型钢相比，不仅内部性能优越，而且具有成本低的优势。它广泛应用于轻型钢结构、民用建筑等领域，具有广阔的市场开发前景。

目前，国内生产的轻型薄壁 H 型钢主要是焊接 H 型钢。热轧轻型薄壁工艺技术为冶金发达国家所掌握。热轧轻型薄壁 H 型钢生产不仅要求其设备刚度和精度高，而且在生产中其表观形状和部位尺寸难以控制，是一种难度较大的国际先进水平的轧制工艺技术。

国内少数几家掌握生产小规格轻型薄壁 H 型钢先进技术及能使之投入生产的厂家有马钢、莱钢万力型钢厂、莱芜钢宝公司等几家企业，最薄目前可达到 2.3mm 左右。

我国 H 型钢分类与国外略有不同，我国将 H 型钢分为 3 类，分别为宽翼缘 H 型钢（HK）、窄翼缘 H 型钢（HZ）和桩用 H 型钢（HU）。

根据 H 型钢在工程方面的应用条件，其规格标准一般包含以下三种类型：

（1）梁型 H 型钢：主要是窄翼缘（HN 系列）H 型钢规格，其宽高比为 1：3.3 ~ 1：2，具有良好的抗弯承载性能，截面高度为 100 ~ 1100mm。

（2）柱型 H 型钢：主要是宽翼缘（HW 系列）和中宽翼缘（HM 系列）H 型钢规格，其宽高比为 1：1.6 ~ 1：1.0，其弱轴的回转半径相对较大，所以具有良好的承压能力，截面高度为 100 ~ 600mm。

（3）桩型 H 型钢：主要是桩用（HP 系列）H 型钢，其宽高比为 1：1，截面高度为 200 ~ 500mm，并且绝大部分规格的桩型 H 型钢腹板与翼缘的厚度相同。

1.2.2 H 型钢的特点

H 型钢的断面形状类似于大写的英文字母 H，是在工程领域常见的经济断面型材，也被称宽边（翼缘）工字钢、平行边（翼缘）工字钢或万能钢梁。同工字钢相比，H 型钢翼缘宽度较宽，承载性能更强，其截面面积的分配更加优化和合理。与工字钢相比，H 型钢具有以下显著特点[7,8]：

（1）翼缘宽，侧向刚度大。热轧宽翼缘 H 型钢高度与宽度的比值可达到 1，甚至略小于 1，这使其侧向刚度显著增加。窄翼缘 H 型钢（HN 系列）的翼缘宽度也比同高度工字钢的翼缘宽 1.1 ~ 1.4 倍，所以在截面积相同的条件下，其侧向刚度值（I_y）要高 1 倍左右。H

型钢与工字钢弱轴惯性矩比较曲线如图1-1所示。

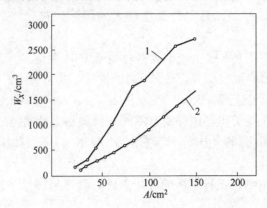

图1-1 H型钢与工字钢弱轴惯性矩比较曲线
1—窄翼缘（HN）系列；2—工字钢

（2）抗弯能力强。由于H型钢截面面积分配较工字钢更加合理，因此在相同截面积（或质量）条件下，H型钢绕强轴的抗弯性比工字钢高5%~10%，如图1-2所示。

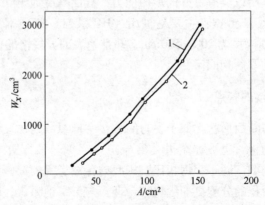

图1-2 H型钢与工字钢强轴抵抗矩比较曲线
1—窄翼缘（HN）系列；2—工字钢

（3）翼缘两表面相互平行，构造方便。H型钢的翼缘较宽，并且两个表面相互平行，因而在其构造连接方面更加简单易行。

（4）可加工再生型材。H型钢可以经过再加工制成T形钢和蜂窝梁等再生型材，工艺比较简单方便，这些再生型材在石油化工、高层建筑等方面均有非常广泛的应用。

1.2.3 H型钢应用领域

由于H型钢自身的很多优点，在西方国家已经被广泛应用，而我国的应用历史相对较短。但是随着我国经济的飞速发展，对城市建设、各种工程结构用钢需求的不断增加，H型钢的应用领域也越来越广。下面做一些具体介绍[9]：

（1）高层建筑工程。国内大多数著名的高层建筑均使用H型钢结构，如北京国贸中心、鸟巢、北京京广中心、上海金贸大厦项目等，设计全部采用钢结构或者钢筋混凝土复合结构，其中H型钢使用量占钢材总使用量的40%~60%左右。

（2）桥梁工程。至今为止我国桥梁构件的80%~90%采用H型钢部件，其他构件采用钢板、工字钢和角钢铆焊而成。若全部采用热轧H型钢可以节约钢材20%~30%，节约焊条2%，节约工时40%~60%。公路桥的主梁也希望用热轧H型钢，其规格为H300×200~H900×300。

（3）在电力及通讯行业的各种大型超高塔架的建筑中，H型钢也有大量的应用。

（4）地下铁路和矿山巷道的支护工程。随着高速铁路、高速公路、大型输水工程、煤矿、地下铁路等隧道工程的大型化，H型钢作为主要支护材料获得了广泛应用。H型钢在断面稳定性、安全性以及施工的方便性和缩短工期等方面，明显优于普通工字钢和矿用工字钢，尤其是在地下隧道、海底隧道或地质结构复杂区域的施工中，H型钢是理想的支护材料。

（5）工业用钢结构件。全国大多数行业的大型机械均可以采用H型钢结构，如冶金行业中烧结机的钢结构是用钢板焊接成H形，完全可以用轧制H型钢代替。再如火力发电厂大型锅炉承重结构、铁路平板车车体、起重行业单梁吊车、门型吊车的主梁等均可采用H型钢。

（6）石油工业中的采油井架及石油抽油机均可用到 H 型钢。

1.3 H型钢轧制技术与轧制理论

1.3.1 H型钢轧制技术

目前 H 型钢的轧制工艺一般采用 BD 开坯机加万能轧制机组的轧制方法。H 型钢的开坯过程一般采用二辊可逆式轧机，轧件在该轧机上反复轧制数道次，以获得万能轧制所用的坯料。经开坯后的异型坯料进入由万能粗轧机和万能精轧机组成的万能轧制机组。万能轧机由电机驱动的上下两个水平轧辊以及在水平辊两侧设置的两个被动的立辊所组成，这四个轧辊形成一个"H"形的孔型，并且各道次轧辊辊缝均可以调节。H 型钢腹板部位由上下两个水平辊轧制，而翼缘部位由水平辊的外侧辊面和立辊共同作用轧制而成，如图 1 - 3 所示。由于万能孔型未能对翼缘的边部施加压下，因此一般要在多道次的万能轧机中设置轧边机，主要对翼缘边部施加压下，限制翼缘的高度。在实际生产中，一般会把这两架轧机作为一个轧机组对轧件反复轧制，每道次均施加一定的压下量，最终使坯料轧制成规定的尺寸和形状。在对翼缘的轧制过程中，水平辊外侧面与轧件之间有滑动摩擦，轧辊磨损严重。而水平辊侧面经磨损后，即使重车也不能恢复形状，所以一般生产上将上下水平辊的侧面以及两侧立辊表面设置3°～8°的倾斜角。而最终道次的万能精轧机，其立辊表面是平的，但水平辊侧面仍需要有若干斜度，所以一般最终产品的翼缘内侧会残存一定的

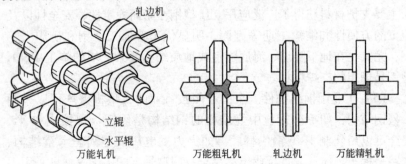

图 1 - 3　万能轧机轧制 H 型钢

斜度。

万能机架与轧边机共同组成万能粗轧机组。万能粗轧机组一般设置1~2座,每道次都会施加一定压下,反复轧制几道次甚至十几道次,最后送至万能精轧机轧制成成品。但一般小型H型钢会采用连轧方式轧制,如H200×200规格的H型钢就是采用九道次连轧方式轧制而成。当设置两架万能粗轧机时,会考虑各机架轧制时间的均衡来确定各机架的轧制道次,万能精轧机架一般轧制一道次。

1.3.1.1 H型钢连轧[10]

20世纪70年代随着计算机在工程领域的应用得到快速发展,H型钢连轧工艺在中小规格H型钢生产线上得到广泛应用。H型钢连轧线采用一架二辊可逆式粗轧机加上七架半连续式布置形式万能精轧机进行连续轧制,轧机使用离线换辊。使用方形、矩形坯料轧制,连铸坯在粗轧机轧制时可根据产品规格的不同,在粗轧机上轧制7~15道次,切深孔主轧制变形道次使用闭口式孔型,为了保证轧件最后一道轧制后的对称性和尺寸精度,轧制时使用平配开口孔。H型钢连轧工艺单线年产规模突破了百万吨大关,但是由于连轧机械设备有投资大、生产品种规格范围有限等缺点,限制了连轧工艺的广泛应用。

1.3.1.2 X-X轧制工艺[10,11]

X-X工艺是指开坯机轧制后坯料经过两架具有X孔型的万能轧机和一架轧边机组成的中轧机组,中轧机组采用串列式可逆轧制,坯料经过中轧机组后进入万能精轧机轧制一道次即可轧制出成品。

由于连轧工艺受到很多限制,于是人们设计了一种串列式可逆轧机工艺布置形式,这种轧制模式具有投资较连轧工艺少、生产品种规格范围较大的特点。串列式可逆轧机工艺布置形式就是在传统的万能粗轧机组中增加一架万能轧机,在万能精轧机组前增加一架轧边机,万能轧机区呈Ur-E-Ur-E-Uf布置。串列式可逆轧机工艺布置形式中万能粗轧机组的使用具有连轧功效,所以可以较大提高产量幅度[10]。

目前大多数H型钢厂采用1-3-1串列式轧机布置,这种布置方式除去了串列式可逆轧机工艺布置形式中的万能精轧机前的轧边机，即开坯机—万能轧机1－轧边机－万能粗轧机2－万能精轧机（BD－U1－E－U2－UF）布置。1－3－1布置方式在我国得到广泛应用，如马钢大H型钢是国内典型的采用这种布置的生产线。

图1－4为X－X轧制法轧制H型钢示意图。

为了更进一步节省厂房设备等投资，也出现过1－4轧机布置形式设计，即将精轧机前移至万能连轧机组后，但万能精轧机不参与万能往复轧制，轧辊处于打开空转状态，只是在最后道次轧辊闭合至设定值，完成精轧任务[11]。

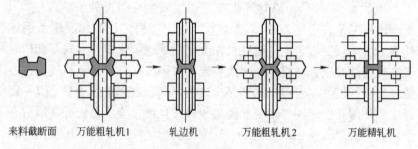

来料截断面　　万能粗轧机1　　轧边机　　万能粗轧机2　　万能精轧机

图1－4　X－X轧制法轧制H型钢示意图

1.3.1.3　X－H轧制法

SMS－MEER公司在德国堤灵恩的一家轧钢厂进行实验并取得成功的X－H轧制法，现在已经广泛在国内外应用。图1－5为X－H轧制法轧制H型钢示意图。

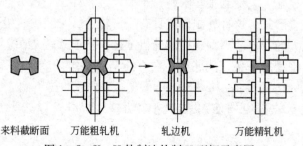

来料截断面　　万能粗轧机　　轧边机　　万能精轧机

图1－5　X－H轧制法轧制H型钢示意图

X – H轧制工艺由一架万能粗轧机（配X孔型）、一架轧边机和一架万能精轧（配H孔型）组成的轧机组。X – H轧制法在轧机布置形式上少了一架万能粗轧机，并且把第二架万能轧机轧辊配置成直腿的"H"形孔型，这种配置方式的万能轧机之间的水平机架既可以用于H型钢轧边，又可以使用于其他型钢的成型。通常该机架也是可移动的，并且设有孔槽。在万能粗轧和轧边机后面设置了精轧机。随着科技的进步，现如今已经发展成异型坯连铸、热送、均热保温、三机架"X – H"串列式可逆轧制形式，冷却精整到成品连成一体的节能紧凑型短流程工艺生产线。这种新型的"X – H"形式占地更少、投资更低、生产成本更低，是一种高效率和竞争力强的工艺生产方式。

X – H轧制方法与传统轧制工艺比较在实际操作中有更明显的优点：（1）X – H轧制工艺具有较高的生产能力；（2）相同的产品轧制时使用较低的轧制压力和驱动功率；（3）有效地延长轧辊的使用寿命；（4）便于操作的控温轧制；（5）延长了轧件长度。X – H轧制方法是目前世界上生产H型钢比较流行的轧制方法，已经被多数新建或新改造的H型钢钢厂广泛采用。例如，莱钢H型钢大型生产线是就是我国第一条采用X – H轧制法生产H型钢的生产线。

1.3.1.4 近终形连铸异型坯技术[10,11]

发展近终形坯短流程技术，简称CBP技术。该技术以近终形连铸坯为原料，用一架轧边机代替原来的开坯机，轧制得到万能轧机需要的断面尺寸。该技术可以降低能耗，同时缩短厂房长度，节省投资。

近终形连铸异型坯对坯料的生产是一个难题，由于坯料截面异型，在连铸时常常出现问题，异型坯在加热炉中加热时，加热制度也与普通方坯有差异。但是这种坯料在实际生产中可以有效地减少生产成本，适应多品种、小批量的生产要求。近终形异型坯与常规连铸异型坯的区别如图1 – 6所示。

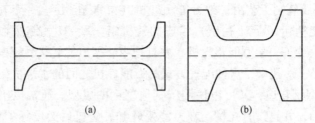

图1-6 近终形异型坯（a）与常规连铸异型坯（b）

1.3.1.5 多规格轧制技术（MPS技术）[10]

通过近终形连铸异型坯和H-V孔型开坯技术，H型钢可以实现MPS轧制，具有以下优点：（1）容易实现柔性轧制规程；（2）低能耗；（3）高收得率；（4）人员少；（5）高效率低成本，生产成本可以降低。

与传统轧制技术相比，MPS轧制工艺是最经济的型钢生产方式，一般吨钢加工成本可降低30～50美元，而且这一技术首次实现了利用万能轧机生产全部系列钢板桩的工艺。

H-V孔型开坯轧制时，H孔型和V孔型在不同机架上布置，H-V孔型形成可逆连轧或者是多机架H-V-H-V-H孔型形成连轧。H孔型只对腰厚变形，V孔型只调整轧件宽度，如图1-7所示。

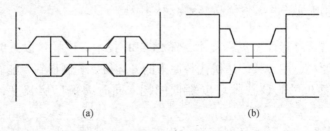

图1-7 H孔型（a）与V孔型（b）

1.3.2 H型钢轧制理论

随着工业技术的要求，生产建设对产品性能提出了更高的要求，由于工业革命带来的快速发展，计算机技术的广泛应用于轧钢领域，H型钢生产技术也得到了快速的发展。随着H型钢技术的发展，大量的学者开始对其进行研究。早先的H型钢生产规程研究主要是通过实验获得的数据，但这对于高性能的成品生产所需的理论依据是远远不够的。因此建立起完整、系统的理论体系是现代化建设所必须要的。这些年来H型钢的生产自动化水平迅速发展，需要有一套完整的数学模型来指导实际生产。

日本很早就已经开始对H型钢轧制方面的研究，日下部俊等[12~14]进行了有关H型钢残余应力的研究，他分析了在H型钢生产过程中残余应力的发生原因、残余应力对力学性能的影响、残余应力对H型钢使用中造成的危害以及H型钢轧制变形时残余应力的控制方法等。文献主要提出温差是引起残余应力的主要原因，H型钢断面异形，腹板翼缘薄厚不均匀使得H型钢在冷却过程中不同部位的温度差异。日下部俊研究表明，实际生产中控制腹板与翼缘的温度差可以通过在冷却过程中对翼缘的外表面进行强制冷却等方法解决。

国内学者吴迪、白光润[15~17]通过实际轧制实验详细地研究了H型钢轧件轧制变形时的腹板、翼缘变形规律、轧件前滑区和翼缘失稳等现象，通过研究轧制力和轧制力矩变化规律，为实际生产时轧件轧制时力学问题提供了宝贵的理论。

金晓光[18]主要进行了H型钢金属流动性的研究，他在H型钢轧制时带张力轧制过程金属横向流动的三维连续运动学许可速度场进行了解析，他在此基础上推导了水平辊和立辊的轧制压力计算公式。

林宏之[19]系统地研究了H型钢塑性变形过程中的坯料变形特性、金属流动规律、H型钢断面温度分布等方面，并建立了对H型钢万能轧制时的控制系统的数学模型，主要包括H型钢万能轧制轧制温度模型、轧制力模型和翼缘宽展模型。该数学模型实际生产中起到了很好的效果，产品尺寸精度得到很好的改善。

刘相华[20]对H型钢轧制过程进行了有限元模拟计算，他们建立了刚塑性有限元法模型，并对H型钢轧制过程中横截面的温度场进行了计算。有限元模型计算后所得的轧制力等数据与铅试轧件轧制结果进行了对比。

刘建军等[21~23]利用三维弹塑性有限元法进行了对 H 型钢轧制变形时腹板的单位压力分布的研究,他分别对腹板和翼缘单独研究,模型利用可变刚度的伪单元进行腹板与翼缘之间的特殊金属流动关系模拟运算。运算结果对实际生产起到了很好的效果。

Kiuchi 等[24]在 H 型钢的万能区轧制的有限元模拟时采用了一种新算法,这种算法是将切片法(slab method)和刚塑性有限元法结合的一种新的复合计算方法。Kiuchi 的这种计算方法为其他有限元模拟计算提供了新的方法,这种方法分析的金属流动、轧制力大小、翼缘宽展、应变分布等数据给其他有限元理论学者提供了很好的研究数据。

Iguchi 等[25]通过 H 型钢在万能孔型轧制时的变形应力的刚塑性有限元法进行了模拟,模拟得到了 H 型钢在轧制过程中纵向应力的变化情况。他提出 H 型钢在万能轧制时腹板纵向处于拉应力状态,但轧制变形后腹板则变为压应力状态,腹板变形区的压应力最大位于轧制的出口附近,轧制压力对 H 型钢稳定轧制起到相当重要的作用。当腹板压应力过大时就会造成腹板失稳,形成波浪,增大翼缘压下率与腹板压下率的比值,腹板离开变形区后的纵向压应力将减小[25]。这项研究对于防止腹板失稳具有较大的参考价值。

崔振山[26]使用弹塑性有限元法建立了水平辊摩擦元咬入模型和立辊摩擦元拖动模型的 H 型钢热轧制过程有限元模拟研究。崔振山详细地研究了 H 型钢轧制过程中在不同的轧制参数下不同部位的组织演变过程、应力、应变、温度、轧制压力、金属流动等分布状态和变化,归纳和总结了 H 型钢热轧时的变形、轧制力、温度的分布特征和变化规律。

贺庆强等[27]对 H 型钢多道次粗轧工艺过程进行了数值模拟。在模拟过程中,建立轧件材料的高温屈服应力模型及奥氏体再结晶预报模型,并构建基于网格重构的多道次仿真分析方法;根据模拟结果得出了在制定粗轧轧制规程时,必须根据型钢不同部位奥氏体晶粒直径的变化情况,对轧制工艺参数进行合理的选择和调整。

1.4 H型钢的轧制缺陷

H型钢在生产过程中，由于现场环境、机械设备等原因会出现轧制缺陷[28~34]：

（1）裂纹。裂纹主要可以细分为腿外侧中间裂纹、下腿外侧边部裂纹和腿端中间裂纹，如图1-8所示。

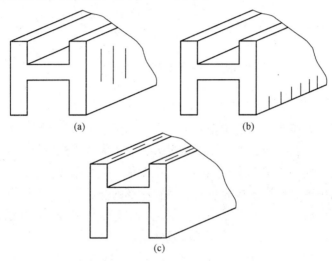

图1-8 H型钢的裂纹类型
（a）腿外侧中间裂纹；（b）下腿外侧边部裂纹；（c）腿端中间裂纹

裂纹产生原因一方面是由于受到腿外侧冷却水的影响，水流过大或者流动方式不正确，使流出的冷却水不能均匀流向腿部，致使腿外侧部分地方的温度急剧下降，在后期的轧制时形成裂纹。另一方面的原因就是立辊、平辊和轧边辊的压下量分配的不合适，平辊和轧边辊的压下量太大，会导致腿端的宽展变大，立辊压下过大时这部分金属的宽展方向除了沿着轧制方向延伸、腿宽方向的宽展外，还出现在腿端平面形成横向的限制宽展，由于这种宽展是双向的，在后期轧制时温度已经较低，导致这两部分金属不会有效地黏合在一起，出现裂纹。

（2）腿端圆角。腿端圆角指的是H型钢的腿端不是直角，外形轮廓好像缺了一块使腿端看上去不完整。腿端圆角可以分为腿部外圆角和腿部内圆角，如图1-9所示。

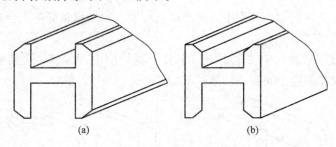

(a)　　　　　　　　　　　　(b)

图1-9　H型钢的腿端圆角

(a) 腿部外圆角；(b) 腿部内圆角

当开坯机来料中腿部金属量太大时，就会发生腿部外圆角，主要是因为开坯机来料的腿部金属量过大，为了能够得到合格的尺寸，需要增大万能轧机前两个机架的立辊压下量，但是这样会导致轧边机轧制时出现腿部压弯。当开坯机的来料腿部的金属量较小时，则可能发生腿部内圆角。这主要是由于万能轧机的立辊压下较小或轧边机的压下量较小，致使轧件的腿尖未有效轧平。

(3) 轧痕。轧痕通常情况下可以分为非周期性轧痕和周期性轧痕，如图1-10所示。周期性轧痕是指在轧件上呈周期性分布，轧痕与轧痕之间有着同样的距离、同样的深度，而且两轧痕之间的距离正好是轧辊的圆周长。非周期性轧痕没有上述的特点，是随机出现的。

针对H型钢的周期性轧痕具体表现有腹板表面横向周期性辊印，产生原因是万能轧机某机架轧辊横向断裂、对腹板轧制时在其表面出现的缺肉等。非周期性轧痕主要是由于机械设备的原因造成的，如导卫装置磨损严重或辊道与钢材碰撞，造成轧件刮伤后再继续轧制使钢材表面形成的棱沟或缺肉，多沿轧制方向分布。

(4) 折叠。折叠主要因为设计的孔型不合理或轧机调整的不合适，在孔型轧制时容易形成耳子，在后面的轧制过程使耳子压入到轧件本体内，深度由耳子的高度决定。沿轧制方向与钢坯表面有一定倾斜角度，形成近似裂纹的缺陷，如图1-11所示。

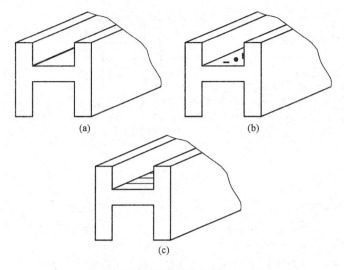

图 1 - 10　H 型钢的轧痕
（a）腹板两端通常性压痕；（b）腹板表面通常性凸起和凹槽；
（c）腹板表面横向周期性辊印

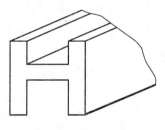

图 1 - 11　H 型钢的折叠

（5）波浪。与板带波浪不同，H 型钢波浪主要分为两种：一种是腰部呈搓衣板状的腰波浪，另一种是腿端呈周期性宽展，即腿浪，如图 1 - 12 所示。腰浪主要是由于在精轧机组出现的严重的腰拉腿或腿拉腰，还有就是产生的冷却波纹。腿浪主要是由于成品的腿较薄或单位质量较大，在万能轧机后期出辊道时，与辊道周期性撞击形成的。

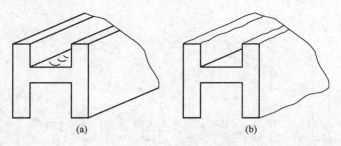

(a)   (b)

图 1 – 12   H型钢的波浪

（a）腰浪；（b）腿浪

2 H型钢腹板和翼缘均匀延伸研究

2.1 概述

H型钢在轧制过程中，轧件在由水平辊和立辊组成的万能孔型中实现轧制变形，其中水平辊是主动的，立辊为被动辊。腹板是在一对主动的水平辊之间产生塑性变形，并依靠腹板与水平辊之间的摩擦力拖动轧件进入辊缝；翼缘是在被动的立辊和水平辊辊环侧面之间产生塑性变形，依靠翼缘与立辊之间的摩擦力带动立辊转动。由此可见，腹板与翼缘的变形条件存在较大的差异。轧制H型钢的万能孔型有X孔型和H孔型两种，其中X孔型用于粗、中轧，H孔型用于精轧。

采用万能法轧制H型钢时，轧件在万能孔型内的变形比较复杂，而且立辊是被动辊，立辊的转速与翼缘的金属流动有关，因而在万能轧制的有限元模拟中，如何建立被动辊的模型是至关重要的问题，只有建立了被动立辊的模型才能准确地模拟出翼缘的变形情况。

在热轧过程中，由于高温轧件与周围环境和轧辊之间存在很大的温度差，因此高温轧件与周围环境和轧辊之间存在着比较强烈的热交换；而且温度是热轧生产中极为重要的工艺参数，它直接关系到产品的形状尺寸精度和力学性能。在现场生产条件下，由于冷却水、氧化铁皮以及H形轧件形状的特殊性，使得H型钢轧制过程的传热现象十分复杂。因此，准确地建立传热模型也是模拟H型钢轧制过程的关键问题之一。

本章利用ANSYS/LS – DYNA显式动力学模块建立H型钢万能轧制，采用基于更新拉格朗日法的热 – 力耦合弹塑性大变形有限元法模拟H型钢的轧制过程，研究分析轧制过程中轧件的变形和温度场的变化规律以及力能参数的变化情况，并考察不同工艺参数的影响，为更加合理地制定轧制规程和提高产品质量提供技术依据。

考虑到实验条件，在模拟过程中所采用的轧制规程与实验规程完全相同，共轧制七个万能道次。

2.2　有限元分析模型的建立

2.2.1　创建实体模型

如图 2-1 所示，用 Pro/ENGINEER Wildfire 建立实体模型，用来模拟 H 型钢的轧制过程。模型分为两部分：轧辊和坯料。在此模型中为了实现轧制时的强迫咬入，在轧件的尾部加推板，由推板推动轧件进入水平辊。将建立的模型另存为 LS-DYNA 可兼容的格式，并导入有限元软件 ANSYS/LS-DYNA 中。由于 H 型钢横截面的对称性，取其横截面的 1/4 建模；在长度方向上，为了避免过大的计算代价，轧件长度取为 100mm，轧件的原始截面尺寸为 H200mm×200mm 连铸坯尺寸。为了和实验相吻合，模拟七个道次的轧制成型过程，图

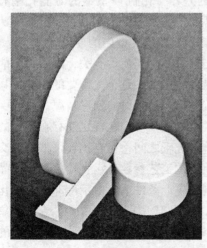

图 2-1　轧制模型

2-1 中列出了第一道次的模型。在万能轧制中，立辊是无动力的，依靠翼缘外侧与立辊之间的摩擦力带动其转动，其在轧制变形过程中的作用与主动辊有较大的差别。在轧制过程中，被动的立辊阻碍轧件的延伸；而且鼓形立辊由于表面线速度不同加大了对延伸的阻碍作用，同时也加剧了轧件与轧辊之间的相对滑动。为了准确地模拟立辊在万能轧制中的作用，必须正确地建立被动立辊的数学

模型。轧件初始咬入时，在轧件的后端设置一刚性面，推动轧件进行强迫咬入。当轧件与水平辊接触后，由此产生的切向摩擦力拖动轧件进入辊缝，开始进行稳态轧制过程的模拟。

连轧 H 型钢模型如图 2-2 所示。

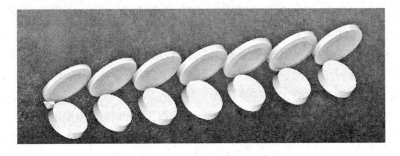

图2-2 连轧H型钢模型

2.2.2 单元的设置

单元类型的选择是影响成型模拟精度的主要原因之一。单元类型的选择是进行网格划分的必要前提，有限元程序根据所定义的单元类型进行实际的网格划分。单元类型在很大程度上影响着求解时间和求解精度。所以，合理选择单元类型，对于有效模拟三维金属成形的流动状况有着重要作用。一方面，对于不同问题应选择不同类型的单元；另一方面，对于同一问题在保证求解精度的前提下可以选择几种不同类型的单元。

在金属塑性成型有限元分析中，需反复迭代求解非线性方程组，计算量非常大；而且在非稳态大变形分析时，又要进行畸变网格的重划分，因此复杂单元处理起来不太方便。对于金属三维成型问题，在有限元数值模拟中常用到的单元主要有两类：四节点四面体单元和八节点六面体单元[35]。四面体单元计算效率高，在相同单元数量前提下，比采用六面体单元节省约25%的计算时间，但四面体单元存在着计算精度低的问题[36]。所以，考虑H型钢成型过程中金属流动状况的复杂性，为了节省求解时间，同时又要保证网格划分和重划分的顺利进行，轧件采用实体单元SOLID164进行网格划分，生成六面体固体单元。SOLID164单元为六面体固体单元，具有八个节点，可用于建立三维固体结构有限元模型。该单元的每个节点具有9个自由度，即分别在X、Y、Z三个方向上的位移、速度和加速度。轧辊在模拟成型过程中假设为刚体，忽略其变形，所以可定义为显式壳单元SHELL163，以减少模拟运算的计算时间。在显式动力学分析中，积分点的个数与 CPU 时间成正比，所有的显式动力单元缺省为简化积分，除了节省 CPU 时间，单点积分在大变形分析中更加有效。虽然 LS – DYNA 中所使用的单点积分实体单元和壳单元在大变形中很可靠，并且可节约大量计算时间，但是它们容易形成零能模式[37]。该模式主要指沙漏模式，它将导致一种在数学上是稳定的但物理上不可能的状态。它们通常没有刚度、变形呈锯齿形网格。沙漏的出现会导致结果无效。如果总的沙漏能大于模型内能的 10%，这个分析就可能失败。本章在模拟过程中考虑了沙漏，将其控制在了所允许的范围内。

对于坯料，选择各向同性指数强化弹塑性模型，材料达到屈服极限后沿线性硬化。材料需要定义密度、弹性模量、泊松比、屈服应力和切变模量，其中屈服应力根据式（2 – 1）按照轧制时的温度、压下率和轧制速度求得。应力随应变变化如图 2 – 3 所示。在实验材料轧件的材料是 Q235B，故轧件的变形抗力模型为[38]：

$$\sigma_s = \sigma_0 (\alpha_1 T + \alpha_2)(u/10)^{\alpha_3 T + \alpha_4} \left[\alpha_6 (\gamma/0.4)^{\alpha_5} - (\alpha_6 - 1)\gamma/0.4 \right]$$

$$(2 - 1)$$

式中　σ_0——基准变形抗力，即 $t = 1000℃$、$\gamma = 0.4$ 和 $u = 10s^{-1}$ 时的变形抗力；

　　　T——温度，$T = (t + 27.15)/1000$，t 为摄氏变形温度；

　　　γ——变形程度（对数应变）；

　　　u——变形速度；

　　　$\alpha_1 \sim \alpha_6$——回归系数，其值取决于钢种对于 Q235，$\sigma_0 = 150.6MPa$，$\alpha_1 = -2.878$、$\alpha_2 = 3.665$、$\alpha_3 = 0.1861$、$\alpha_4 = -0.1216$、$\alpha_5 = 0.3795$、$\alpha_6 = 1.402$。

轧辊采用刚性材料模型，需要输入的材料参数有密度、弹性模量和泊松比三个参数，见表 2 – 1。

表 2 – 1　轧辊材料参数

密度/kg·mm^{-3}	弹性模量/kPa	泊松比
7.9×10^{-6}	2.10×10^8	0.3

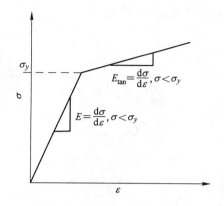

图 2 - 3　材料的应力应变模型

2.2.3　网格划分

在有限元分析中，一般来讲，增加网格划分的密度可以提高计算结果的精确度，但网格密度的增加，意味着计算量的增大，模拟时间的延长，同时网格密度也不能无限制的上升，一般以保证计算结果的精度在用户控制的范围即可。

在 LS - DYNA 中划分网格时应注意到以下几个问题：

（1）尽量避免退化的实体单元和壳单元，它们的精度不高。

（2）单元的大小尽量均匀。

（3）尽量不使用 smartsizing 方法进行单元控制。

（4）尽可能避免产生沙漏的坏单元形状。

本章中 H 型钢轧制过程模拟为弹塑性有限元三维数值模拟，采用各向同性强化材料，考虑到数值模拟的精确性和模拟的效率问题，对坯料和轧辊采用不同的单元进行不同密度的网格划分。

网格划分有自由网格划分和映射网格划分两种，映射网格适用于形状规则的体和面的划分。映射网格具有规则的形状，单元成排规则排列。映射面网格只包含四边形或三边形单元，而映射体网格只包含六面体单元。对于轧辊，由于在热轧制过程中可以认为是不发生变形的，因此假设成刚体进行网格划分。轧辊网格划分后的模型如图 2 - 4 所示，为了更加清楚地显示网格划分的情况，图中只取了三组轧辊。图2-5为轧件网格划分情况。

图2-4 轧辊网格划分模型

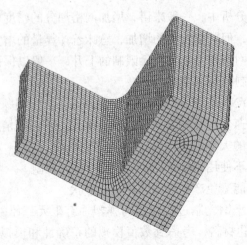

图2-5 轧件网格划分模型

2.2.4 约束的处理

轧辊被定义为刚性体，每个轧辊内所有节点的自由度都耦合到了轧辊的质量中心上。无论定义了多少节点，刚性体仅有六个自由度。当使用缺省设置时，每个刚性体的质量、质心、惯性矩都由刚性体体积和单元的密度计算得到。作用在刚性体上的力和力矩由每个时间步的节点力和力矩合成，然后计算刚性体的运动，位移就会转换到节点上。所以对轧辊的约束也就是对轧辊质心的约束。轧辊的实际运动为仅绕自身轴旋转，故在有限元分析中，对于经过轧辊自身旋转轴的局部坐标系而言，空间六个自由度（U_x，U_y，U_z，Rotx，Roty，Rotz）除绕旋转轴自由度不加约束外，其他五个自由度均被约束掉。对于推动轧件咬入的刚性面而言，只有沿轧件运动方向有一个移动自由度，其他五个自由度全部被约束住。对轧件的两个对称面，加对称面约束。

2.2.5 热交换边界条件

热轧过程中，轧件换热行为主要有三种方式：对流换热、辐射换热和接触传热，其中对流换热和辐射换热主要发生在轧件未与轧辊接触的区域，而接触传热则主要发生在轧件与轧辊接触区域。

2.2.6 摩擦模型的建立

H 型钢万能轧制时接触区可分为翼缘与立辊的接触区、轨头与水平辊接触区、翼缘与水平辊接触区以及腹板与水平辊接触区。其中，水平辊和腹板接触面为主动面，水平辊、立辊与翼缘接触面均为搓轧面。H 型钢万能轧制过程是一个极其复杂的接触过程，在接触计算中采用了罚函数法。其基本原理是：在每一个时间步首先检查各从节点是否穿透主面，如没有穿透不做任何处理；如果穿透，则在该节点与被穿透主面间引入一个较大的界面接触力，其大小与穿透深度、主面的刚度成正比。这在物理上相当于两者之间放置一法向弹簧，以限制从节点对主面的穿透。接触力称为罚函数值。

对于轧制过程摩擦的处理多采用摩擦单元法、库仑定律的剪切摩擦定律。在此采用的是库仑定律。

2.2.7 求解控制

当建模、定义接触、加载设置各步均完成后，在求解控制中定义求解终止时间、后处理文件输出间隔等。由于计算过程中产生的数据量巨大，不可能将每一时间步的计算结果全部输出，因此要定义时间间隔。定义完求解控制之后输出 K 文件，将 K 文件中的关键字 * SECTION – SHELL 的 1. 0000 改为 0. 8333、0. 00 改为 1. 00，这种类型适用于壳体单元的求解。最后将改好的 K 文件送至 LS – DYNA SOLVE 求解器中就可以计算求解了。

在求解过程中可以随时暂停计算，以便查看输出的结果是否正确。在输出窗口可以看到计算剩余时间及各种能量的变化。如果在某一步出现问题，可以终止计算，对出现的问题进行处理，然后选择重新启动文件继续进行计算。

2.3 腹板和翼缘均匀延伸的影响因素分析

2.3.1 确定腹板和翼缘压下量的传统方法

在四辊孔型中轧制 H 型钢时，将出现不均匀变形。如果把腹板和翼缘分开，仅仅就腹板和翼缘本身而言，它们的变形基本上是均匀的，即沿宽度上的压下量是均匀的。但实际上，腹板和翼缘是一个整体，如果腹板的延伸系数和翼缘的延伸系数不相等的话，腹板和翼缘之间就将产生相互的牵制作用，而出现非均匀变形[39]。

当腹板的延伸系数大于翼缘的延伸系数时，腹板将给翼缘施加一附加拉力，迫使翼缘和腹板共同延伸，以保持腹板和翼缘间的整体性。反过来看，翼缘对腹板施加了一附加压力，迫使腹板和翼缘共同延伸。实际上，翼缘的面积比腹板的面积要大，这种相互作用将首先在腹板反映出来。其表现为：当翼缘对腹板的延伸的约束所产生的附加压力达到了轧件材质的流动极限应力后，在轧件轧出轧辊瞬时，腹板出现了压缩塑性变形，这种变形达到了一定程度时，轧件腹板出现波浪[40]。

当腹板的延伸系数小于翼缘的延伸系数时，腹板将对翼缘施加一附加压力，而翼缘将对腹板施加一附加拉力。如上分析，这种相互作用力达到一定值时，腹板将被拉薄，甚至于出现腹板中心爆裂[41]。

当腹板和翼缘的延伸系数大致相等时，所出现的翼缘腹板间的附加相互作用力较小，它不足使轧件腹板出现附加的塑性变形。此时，轧出的轧件符合生产产品的要求。

从上述分析可以看出，在四辊孔型中轧制 H 型钢时，由于腹板翼缘间的相互作用，腹板可能出现波浪或被拉薄，为了避免这些缺陷，必须寻求在什么条件下出现缺陷的内在规律，从而在制定工艺时予以考虑。

在轧制腹板波浪产生的主要原因是在轧制过程中腹板和翼缘的延伸不平衡。在轧制前期，腹板的延伸大于翼缘，此时，腹板和翼缘的厚度均较大，不易产生腹板波浪。但在轧制后期，翼缘的延伸要大于腹板和延伸，若是此时腹板的延伸较大，它就会拉缩翼缘的金属量，但是此时翼缘的金属量较多，翼缘受腹板延伸所带来的拉力不大，就会产生腹板拉缩翼缘拉不动的现象，造成腹板延伸大于翼缘延伸，打破了腹板和翼缘延伸平衡，也就产生了腹板波浪。因此，在轧制过程中产生腹板波浪的主要原因就是腹板和翼缘的压下量分布不均。

在制定轧制工艺规程时，为了保证腹板和翼缘的均匀延伸，传统的方法是使翼缘有压下率比腹板的压下率大 3% ~ 5%[42]。现在仍为大多数 H 型钢加工厂家所采用。这样建立的轧制规程在实际轧制过程中往往会出现腹板波浪、裂纹或者翼缘出现波浪或裂纹甚至拉裂等问题[43]。

为了保证 H 型钢的腹板和翼缘均匀延伸，首先要正确划分腹板和翼缘的面积。目前划分腹板和翼缘的面积的方法有三种，如图 2-6 所示。

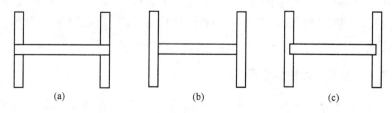

(a)　　　　　　　　　　(b)　　　　　　　　　　(c)

图 2-6　H 型钢腹板和翼缘面积划分方法

图 2-6（a）和图 2-6（b）所示的划分方法把面积 *ABCD* 会归于腹板或翼缘，这样划分误差较大，如果面积 *ABCD* 全归于翼缘，那么无疑将腹板的面积减少，同样若面积 *ABCD* 全归于腹板，则使翼缘

面积减少。由于腹板翼缘的划分误差，难以保证腹板翼缘的均匀延伸。图2-6（c）所示较2-6（a）和2-6（b）符合实际情况。但由于H型钢为一整体，腹板翼缘划分的准确界限难以确定。为此，河北理工大学刘战英提出了一种新的划分腹板翼缘面积的方法[44]，如图2-7所示。在图2-7中将ABCD面积分成三部分，三角形面积OBC归属腹板，梯形面积OBAE归属上部分翼缘，并且OE = (AB + DC) /2。

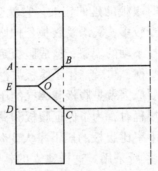

图2-7　H型钢腹板翼缘划分新方法

这些方法在实质上仍然把腹板和翼缘作为两个部分来考虑，只是划分的形式有所不同。用这些方法划分腹板和翼缘的面积，来制定腹板和翼缘的压下量时，并不能保证腹板和翼缘的延伸量一致，在轧制生产过程中出现质量问题[45]。因此，用有限元方法模拟轧制过程，对腹板和翼缘进行精确划分，是保证腹板和翼缘均匀延伸的前提条件。

2.3.2　腹板和翼缘的金属流动

准确划分H型钢腹板和翼缘的面积，首先应系统研究H型钢在万能孔型中轧制时的变形机理，特别是翼缘和腹板间金属的横向流动，是合理制订工艺规程、提高成品质量的前提。

2.3.2.1　压下量的影响

以第一道次轧制过程为例，说明在不同压下量时，对腹板和翼缘金属的流动规律的影响。模拟在翼缘的压下量固定不变的情况下，改变腹板的压下量，分析腹板和翼缘金属的流动情况。

本节中主要分析了翼缘的压下量为 21.36% 不变，腹板的压下量发生变化时，金属流动规律的变化。

A　腹板压下量为 21.25%

腹板压下量为 21.25% 时，节点 X、Y、Z 方向位移云图分别如图 2-8 (a)~图 2-8 (c) 所示。

综合图 2-8 (a)~图 2-8 (c) 可以看出：在咬入初始阶段，金属从翼缘向腹板流动，原因为在用万能法轧制 H 型钢时，翼缘首先和被动的立辊接触发生变形，腹板部分变形滞后于翼缘部分的变形，翼缘部分的金属向腹板方向流动。同时在 Z 方向上，在咬入阶段，也由于翼缘先于腹板变形，根据最小阻力定律，翼缘会向变形阻力小的 Z 方向流动，因此，翼缘在轧件的长度方向即 Z 方向向前流动，同时也带动腹板部分的金属向前流动，这就是轧件头部形成舌头的原因。翼缘外侧的金属向自由端延伸。在轧件出口处，翼缘处部分金属向前延展，而另一部分金属向腹板方向流动。从整个轧件来看，翼缘上与立辊相接触的外层金属，其 Y 方向位移基本大于零，说明其流动方向是向翼缘的自由端延展。翼缘中间部分的金属和内侧的金属向腹板流动。

B　腹板压下量为 24.375%

腹板压下量为 24.375% 时，节点 X、Y、Z 方向位移云图分别如图 2-9 (a)~图 2-9 (c) 所示。

C　腹板压下量为 26.25%

腹板压下量为 26.25% 时，节点 X、Y、Z 方向位移云图分别如图 2-10 (a)~图 2-10 (c) 所示。

D　腹板压下量为 28.125%

腹板压下量为 28.125% 时，节点 X、Y、Z 方向位移云图分别如图 2-11 (a)~图 2-11 (c) 所示。

E　腹板压下量为 30.625%

腹板压下量为 30.625% 时，节点 X、Y、Z 方向位移云图分别如图 2-12 (a)~图 2-12(c) 所示。

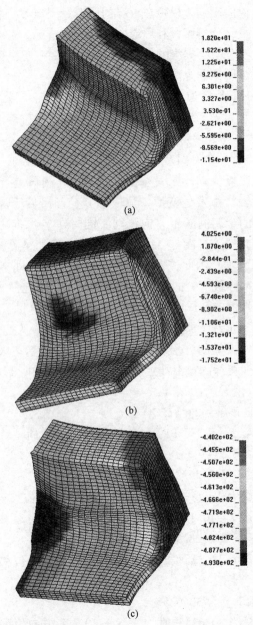

图 2-8 腹板压下量为 21.25% 时的节点位移云图

(a) X 方向位移云图；(b) Y 方向位移云图；(c) Z 方向位移云图

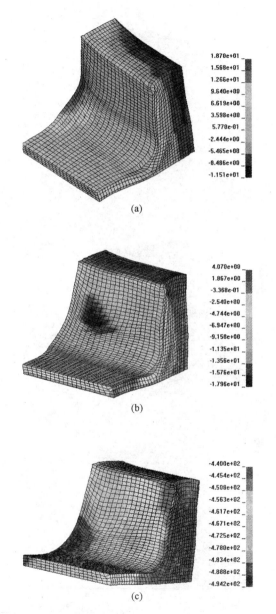

图 2-9 腹板压下量为 24.375% 时的节点位移云图

(a) X 方向位移云图;(b) Y 方向位移云图;(c) Z 方向位移云图

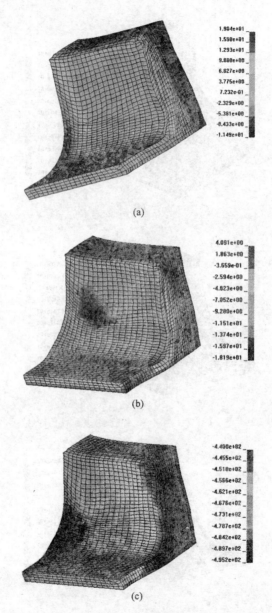

图 2-10 腹板压下量为 26.25% 时的节点位移云图

（a）X 方向位移云图；（b）Y 方向位移云图；（c）Z 方向位移云图

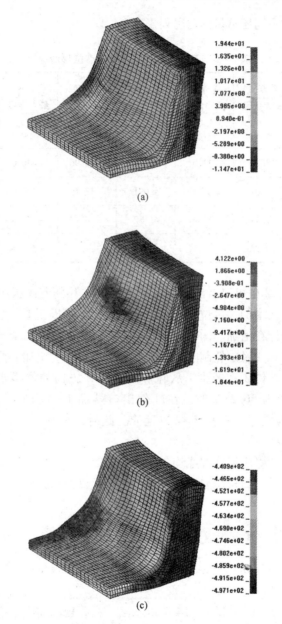

图 2 - 11   腹板压下量为 28.125% 时的节点位移云图

(a) X 方向位移云图；(b) Y 方向位移云图；(c) Z 方向位移云图

把五种不同压下量的情况列于表 2 – 2。

表 2 – 2　五种不同压下量的节点位移情况

压下量	X 方向 最大位移	X 方向 最小位移	Y 方向 最大位移	Y 方向 最小位移	Z 方向 最大位移	Z 方向 最小位移
21.25%	18.20	– 11.54	4.025	– 17.52	– 440.2	– 493
24.375%	18.70	– 11.51	4.07	– 17.96	– 440.0	– 494.2
26.25%	19.04	– 11.49	4.091	– 18.19	– 440.0	– 495.2
28.125%	19.44	– 11.47	4.122	– 18.44	– 440.9	– 497.1
30.625%	20.02	– 11.46	4.159	– 18.70	– 442.4	– 500

从表 2 – 2 中可以看出，节点 Y 方向的位移随着腹板压下量的增大，正位移在增加，负位移在减少，即说明，腹板压下量增大时，翼缘的自由延伸在增加。同时，在轧制开始阶段，翼缘的金属向腹板金属流入更多。在稳定轧制阶段，随着腹板压下量的增加，翼缘向腹板流入的金属的体积在减少。从轧件出口处 Z 方向的位移差来看，当腹板压下量为 26.25% 时，在轧件出口端面上 Z 方向的位移差为 16.6mm，为最小，更接近均匀延伸。此时，翼缘和腹板的延伸比为 93.8%。

综上，建立腹板和翼缘均匀延伸公式时，应考虑压下量对翼缘自由延伸、翼缘向腹板金属流动量及位移和轧件出口处腹板和翼缘长度差的影响。

2.3.2.2　轧制速度的影响

轧辊转速为 6r/min 和 10r/min 时，Y 方向节点位移云图分别如图 2 – 13 和图 2 – 14 所示。

比较图 2 – 13 和图 2 – 14 可以看出，在腹板和翼缘压下量均相同的情况下，降低轧辊的转速，能够减少翼缘向腹板流动的金属总量以及金属流动的位移量。因此在建立腹板和翼缘均匀延伸公式时，应考

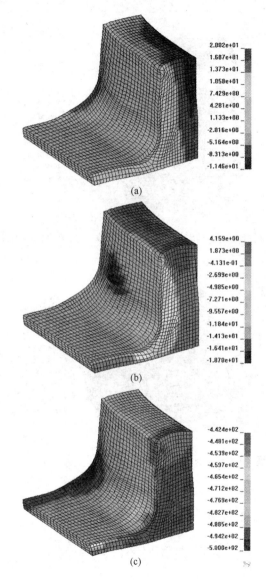

图 2 – 12　腹板压下量为 30.625% 时的节点位移云图

（a）X 方向位移云图；（b）Y 方向位移云图；（c）Z 方向位移云图

虑轧制速度对金属流动时的位移量以及流动体积的影响。

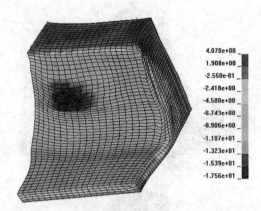

图 2 – 13 轧辊转速为 6r/min 时的 Y 方向节点位移云图

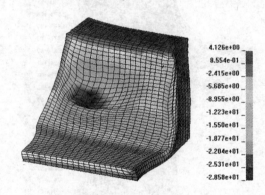

图 2 – 14 轧辊转速为 10r/min 时的 Y 方向节点位移云图

2.3.2.3 轧制温度的影响

轧件初轧温度为 1000℃ 和 1050℃ 时，Y 方向节点位移云图如图 2 – 15 和图 2 – 16 所示。

比较图 2 – 15 和图 2 – 16 可以看出，随着轧制温度的降低，翼缘向腹板流动的金属位移量减小，这是因为随着轧制温度的降低，金属的变形抗力增加，造成金属的流动性差。因此，腹板和翼缘之间交换金属的量也在减小。

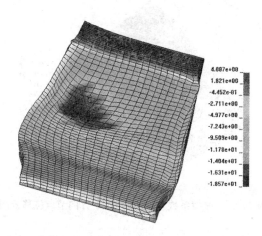

图 2 – 15 轧件初轧温度为 1000℃时的 Y 方向节点位移云图

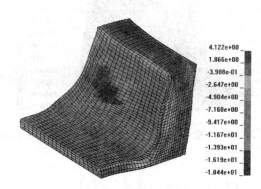

图 2 – 16 轧件初轧温度为 1050℃的 Y 方向节点位移云图

2.3.2.4 摩擦系数的影响

摩擦系数为 0.40 和 0.45 时，Y 方向节点位移云图如图 2 – 17 和图 2 – 18 所示。

比较图 2 – 17 和图 2 – 18 可以看出，随着摩擦系数的增大，翼缘自由延展的位移量在减小，而由翼缘流向腹板的金属的位移量在增加。

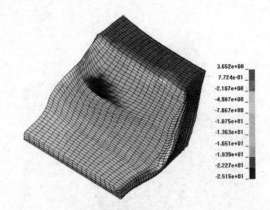

图 2 - 17　摩擦系数为 0.40 时的 Y 方向节点位移云图

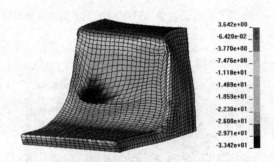

图 2 - 18　摩擦系数为 0.45 时的 Y 方向节点位移云图

2.3.2.5　均匀延伸公式的建立

综合影响腹板和翼缘均匀延伸的各种因素，产生的影响主要有以下几个方面：

（1）腹板和翼缘的压下量影响腹板和翼缘金属的交换量和位移量，影响轧件在纵向流动时产生的长度差。

（2）轧制速度主要对轧制时产生的冲击影响，直接影响由于冲击产生翼缘和金属的金属交换量和位移量。

（3）轧制温度对变形抗力产生影响。轧件温度高，变形抗力小，金属的流动性好；反之，金属的变形抗力大，金属流动性差。因此，轧件温度低，腹板和翼缘间金属的交换量会减小。

（4）摩擦系数直接影响表层金属的流动性。随着摩擦系数增大，腹板和翼缘间金属交换的位移量会增加。

以轧制温度在 $T_0 = 1000\,℃$、$v_0 = 3.2\,\mathrm{m/s}$（水平辊转速为 $8\mathrm{r/min}$、水平辊直径为 $450\mathrm{mm}$）摩擦系数 $\mu_0 = 0.35$ 为基准条件，综合模拟轧制时第一道次的各种情况，得出以下系数的回归公式为：

$$f = f_0(f/f_0)^{-5.73}(v/v_0)^{0.035}(\mu/\mu_0)(1 - \ln(\sigma/\sigma_{t_0})) \quad (2-2)$$

2.4 H型钢均匀延伸轧制实验

为了配合 H 型钢热轧过程的数值模拟研究，并对本章的轧制过程模拟中腹板和翼缘的压下率进行合理分配，利用河北联合大学轧钢实验室的单机架万能轧机上进行 H 型钢轧制实验[46,47]。

2.4.1 实验内容和实验条件

2.4.1.1 实验内容

分析腹板和翼缘在不同延伸比的情况下，对 H 型钢轧制质量的影响。结果将为有限元模拟计算提供验证依据。

2.4.1.2 实验材料

实验使用的主要设备、仪器和物料有：单机架的万能轧机、铅坯。受轧机能力的影响，在实验室进行的轧制 H 型钢实验用铅材料来进行。把铅坯铸成 H 形的异型坯，如图 2-19 所示。

铸坯尺寸按照现在 H200mm × 200mm × 12mm × 8mm 精轧来料 293mm × 218/59mm × 32mm 尺寸进行比例缩小，铸坯尺寸为 68.6mm ×51/7.5mm ×13.9mm。

2.4.2 实验设备

实验在河北联合大学轧钢实验室单机架万能轧机上进行。轧机水平辊直径 300mm，辊环宽 40mm，立辊直径

图 2-19 轧制实验用铅坯

195mm, 水平辊转速 0～30r/min。

2.4.3 轧制实验方案与结果

2.4.3.1 实验方案一

按津西 H 钢厂规格为 H200mm×200mm×12mm×8mm 的轧制工艺规程进行轧制实验。

其压下规程中翼缘和腹板的延伸比见表 2－3。

表 2－3 现场压下工艺规程中翼缘和腹板延伸比

道 次	F1	F2	F3	F4	F5	F6	F7
翼缘和腹板延伸比	1.01	1.021	1.03	1.026	1.031	1.05	1.07

由表 2－3 可见，随着腹板和翼缘变薄，翼缘和腹板延伸比逐渐增大。但 F4 延伸比偏小，F7 延伸比偏大就保持在 1.05 左右。延伸比小腹板容易延伸受限，出现显著的波浪或残余应力。这一应力如果与翼缘冷却收缩作用形成合力，腹板必然出现较大残余应力甚至明显波浪。

克服冷却收缩不均的其中的一种方式是最后一个道次翼缘给予较大延伸，抵消以后翼缘和翼缘收缩产生的较大压缩力。

按照现场翼缘和腹板延伸比的相似原理，各道次计算所得翼缘和腹板的尺寸见表 2－4。并在表 2－4 中列出了轧制质量结果。由于第五道次至第七道次总压下量很小，而实验轧机的调整能力有限，故省略了第六道次的轧制过程，在实验中采用六道次轧制。图 2－20 为按表 2－4 所示的轧制工艺规程轧出的轧件。

表 2－4 按现场工艺制订的实验轧制规程及实验结果

道 次	F1	F2	F3	F4	F5	F6	F7
试件编号	1 号	2 号	3 号	4 号	5 号	6 号	7 号
翼缘尺寸	10.8	8.3	6.37	4.98	3.8	3.08	2.87
腹板尺寸	5.9	4.65	3.67	2.928	2.3		1.87
轧件质量	无浪	无浪	无浪	无浪	有浪		微浪

图 2－20　实验方案一成品轧件

2.4.3.2　实验方案二

为能使第七道次翼缘有较大压下量，减少对腹板的限制，必须增加精轧来料翼缘厚度或在来料厚度不变的情况下，在前面几个道次减少翼缘的压下量。为此在 F1 道次增加腹板压下量，达到翼缘和腹板的延伸比为 0.9，由于这时厚度较厚，故不会出现腹板波浪，在末道次创造翼缘与腹板延伸比大于 1.1 的条件。计算的轧制规程和轧制实验结果见表 2－5。图 2－21 为按表 2－5 制订的轧制工艺轧制出的成品轧件。

表 2－5　实验方案二轧制规程及轧件质量

道　次	F1	F2	F3	F4	F5	F6	F7
试件编号	1a	2a	3a	4a	5a	6a	7a
翼缘厚度	10.8	8.3	6.37	4.98	3.8	3.08	2.87
腹板厚度	5.3	4.0	3.2	2.62	2.1	1.98	1.87
翼缘和腹板的延伸比	0.90	0.98	1.041	1.047	1.05		1.176
结　果	无浪	无浪	无浪	无浪	微浪		无浪

图 2－21　实验方案二成品轧件

2.4.3.3　实验方案三

按照表 2-5 轧制，F5 出现微浪形。分析认为延伸比偏低，故对 F5 增加翼缘压下，F4 减少腹板压下。计算的轧制规程和轧制实验结果见表 2-6。第五道次轧后轧件如图 2-22 所示。

表 2-6　实验方案三轧制规程及轧件质量

道　次	F1	F2	F3	F4	F5	F6	F7
试件编号	1b	2b	3b	4b	5b	6b	7b
翼缘厚度	10.8	8.3	6.37	4.98	3.5	3.08	2.87
腹板厚度	5.3	4.0	3.2	2.72	2.1	1.98	1.87
翼缘和腹板的延伸比	0.90	0.98	1.041	1.087	1.098		1.089
结　果	无浪	无浪	无浪	无浪	无浪		无浪

图 2-22　实验方案三第五道次轧件

2.4.3.4　实验方案四

方案四轧制规程见表 2-7，成品轧件如图 2-23 所示。

表 2-7　实验方案四轧制规程及轧件质量

道　次	F1	F2	F3	F4	F5	F6	F7
试件编号	1c	2c	3c	4c	5c	6c	7c
翼缘厚度	11	8.4	6.6	4.95	3.3	3.08	2.87
腹板厚度	5	4.0	3.3	2.6	2.1	1.98	1.87
翼缘和腹板的延伸比	0.84	1.05	1.05	1.05	1.20		1.03
结　果	无浪	无浪	无浪	无浪	无浪		微浪

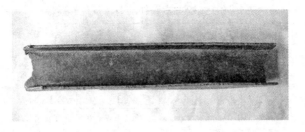

图 2 - 23　实验方案四成品轧件

2.4.3.5　实验方案五

方案五轧制规程见表 2 - 8，成品轧件如图 2 - 24 所示。

表 2 - 8　实验方案五轧制规程及轧件质量

道　次	F1	F2	F3	F4	F5	F6	F7
试件编号	1d	2d	3d	4d	5d	6d	7d
翼缘厚度	11	8.4	6.5	4.5	3.5	3.08	2.87
腹板厚度	5.0	4.0	3.5	2.6	2.1	1.98	1.87
翼缘和腹板的延伸比	0.84	1.048	1.13	1.073	1.038		1.086
结　果	无浪	无浪	无浪	无浪	无浪		无浪

图 2 - 24　实验方案五成品轧件

2.4.3.6　实验方案六

方案六轧制规程见表 2 - 9，成品轧件如图 2 - 25 所示。

表 2 - 9 实验方案六轧制规程及轧件质量

道　次	F1	F2	F3	F4	F5	F6	F7
试件编号	1e	2e	3e	4e	5e	6e	7e
翼缘厚度	11	8.4	6.4	4.6	3.3	3.08	2.87
腹板厚度	5	4.0	3.3	2.6	2.1	1.98	1.87
翼缘和腹板的延伸比	0.84	1.048	1.083	1.096	1.126		1.03
结　果	无浪	无浪	无浪	无浪	无浪		无浪

图 2 - 25 实验方案六成品轧件

2.4.3.7 推荐方案

在实际生产中，以稳定生产为前提，特推荐如表 2 - 10 所示的轧
制规程进行生产。

表 2 - 10 推荐方案

道　次	F1	F2	F3	F4	F5	F6	F7
实验轧件翼缘厚度	10.8	8.3	6.37	4.98	3.65	3.08	2.87
实验轧件腹板厚度	5.6	4.3	3.4	2.76	2.12	1.90	1.87
翼缘和腹板的延伸比	0.96	1.0	1.03	1.048	1.062		1.067
推荐翼缘厚度	46.4	35.7	27.4	21.1	15.7	13.2	12.1
推荐腹板厚度	24.08	18.5	14.62	11.87	9.12	8.17	8.04
现场工艺翼缘厚度	46.4	35.7	27.4	21.1	16.2	13.2	12.1
现场工艺腹板厚度	25.2	19.9	15.8	12.5	9.9	8.5	8.1

通过实验表明，按照传统的分配压下量的方法（即翼缘伸长率比腹板伸长率大 3% ~ 5%）制订的轧制工艺规程，并不能满足质量要求。利用有限元数值模拟的方法对腹板和翼缘的面积进行动态划分，并利用实验进行验证，保证腹板和翼缘的均匀延伸，从而保证 H 型钢的轧制质量，对 H 型钢轧制理论研究及现场生产都具有十分重要的意义。

3 H型钢端部舌形控制

在热轧 H 型钢的生产过程中，热轧 H 型钢轧件断面的复杂性常常由于延伸比例的不匹配，导致轧件各部分的变形不均匀，使产品内部存在极大的残余应力，并且使热轧 H 型钢端部的舌形变长，增加切损，降低金属收得率，影响企业效益。

综合各种因素，影响产品舌形长度的因素主要有：

（1）腹板和翼缘的延伸系数的分配问题。一般来讲，在分配热轧 H 型钢断面的各部分延伸系数时常使翼缘的延伸系数大一些，以减轻由于变形不均匀而导致的产品内部的残余应力。

（2）水平辊辊环和立辊辊环的倾斜角度问题，立辊角度的大小对翼缘的延伸具有很大的影响，由于立辊存在着锥角，这就导致了在立辊的辊面上的线速度存在着差值，不同的锥角导致不同的速度差值，这对翼缘外表面的延伸具有很大的影响；而水平辊辊环侧面的倾角也同样影响着翼缘内表面金属的流动。

一般来讲，传统的轧制方式中，常使立辊的倾斜角度保持在3°~5°之间[48~50]；成品道次立辊也存在着一定的锥角，一般是在 0.1°~0.25°之间[51,52]。

H 型钢在实际生产过程中端部会发生一定的畸变，这部分金属不能作为成品使用，必须被切除掉，仿照板带轧制时会在端部产生舌头，H 型钢被切除掉的金属又称为"端部舌头"。由于目前 H 型钢生产中端部舌头过长，造成了严重的切损，因此针对减小热轧 H 型钢端部舌头大小的研究具有重大的现实意义。

H 轧制的变形机理较为复杂，目前针对其变形过程的有限元模拟研究已有不少：奚铁等[53]借助有限元软件 Super Form 对热轧 H 型钢的开坯轧制和万能轧制过程进行了模拟；罗双庆等[54]借助有限元软件 Marc 对 H 型钢开坯过程的单道次的热力耦合进行了仿真分析；徐旭东等[55～57]对热轧 H 型钢轧制过程和轧后冷却过程进行了二维温度场的有限元模拟；马光亭、臧勇[58]对热轧 H 型钢的万能轧制过程中金属流动规律进行了有限元的模拟与分析；臧勇等[59]对 H 型钢的辊式矫直问题进行了有限元的模拟与研究；日本的 Komori 等[60,61]利用三维刚塑性有限元法对 H 型钢的轧制变形与温度的变化进行了仿真与分析，得到了 H 型钢稳定轧制区横截面的应变及温度分布情况，其模拟结果与实测值比较吻合；Yanajimoto 等[62]针对轧制技术开发出 CORMILL 有限元仿真系统，并且应用于热轧 H 型钢轧制过程的仿真模拟。

关于 H 型钢端部舌头的研究现状仍处于起步阶段，国内只有冯宪章等[63,64]对单道次的热轧 H 型钢的端部位移场进行了弹塑性有限元的模拟，并预测了轧后端部舌头的大小，但是并没有提出相应的改进手段。国际上也还没有发现关于 H 型钢端部舌头长度的有效控制方法。

从分析 H 型钢轧制过程中的应力、应变和金属流动情况的角度出发，针对减小 H 型钢的端部舌头的目的，结合实验与现场生产的实际情况，建立合理的分析模型，模拟热轧 H 型钢的万能轧制变形过程，分析端部变形的特点，得到 H 型钢端部在热轧变形过程中金属的流动状况，分析端部舌形产生的原因，找出相应的控制手段，最终达到减小切头损失量的目的。

3.1 端部形状分析

模拟采用九道次连轧，其中轧件经过每道次后的端部形状如图 3-1 所示。在图 3-1 中，第五道次和第八道次为轧边机，主要是对翼缘的边部进行轧制，从而限制翼缘的高度，而翼缘和腹板本身并没有压下量。从第五道次和第八道次中可以看出：在轧边过程中翼缘部位出现一定的外翻现象，但进入下一道次的万能孔型后被轧制为规则形状。

从各道次轧后的端部形状来看，翼缘和腹板连接部位前凸最为严重；腹板中间部位相对两侧的连接部位内凹，使腹板形成了鱼尾状舌头；翼缘中间部位即为与腹板的连接部位，此部位相对于两侧翼缘的自由边部前凸明显，使翼缘整体形成以中部为顶点的抛物线形的舌形端部，而翼缘的自由边部内凹程度超过腹板很多，这是形成 H 型钢轧后舌头较大的重要因素和决定因素。所以，有效地减小翼缘的舌头大小是减小轧后整体舌头长度、降低金属切损量的关键。

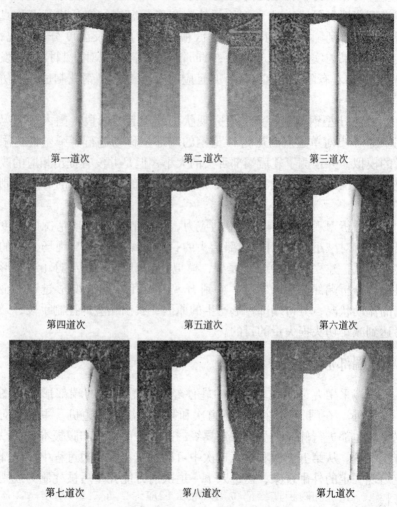

第一道次　　　　　　第二道次　　　　　　第三道次

第四道次　　　　　　第五道次　　　　　　第六道次

第七道次　　　　　　第八道次　　　　　　第九道次

图 3-1　各道次轧后端部形状

模拟结束后，利用 DEFORM-3D 软件后处理界面中的镜像功能，将模拟的1/4轧件还原为整体，其端部的形状如图3-2所示。

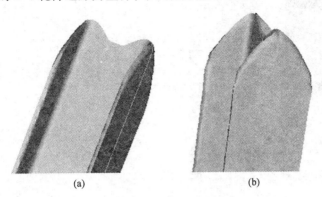

(a)   (b)

图3-2 终轧后H型钢端部形状

(a) 腹板端部形状；(b) 翼缘端部形状

3.2 端部应力分析

3.2.1 整体等效应力分析

利用 DEFORM-3D 软件的后处理界面，对 H 型钢的轧后端部的等效应力场进行分析。图3-3~图3-10所示为各道次轧制过程中端部的等效应力分布云图。图3-3所示为第一道次咬入时第170步端部应力分布云图，图3-3（a）和图3-3（b）分别为坯料整体和轧制区断面的应力分布云图。开始轧制过程时，H 型钢异型坯的翼缘内侧首先和水平辊外侧相接触并发生变形，随着轧制的进行，坯料翼缘外侧与立辊相接触，坯料腹板与水平辊辊面相接触，之后坯料完全进入孔型，开始整体变形过程。如图3-3所示，轧辊刚与坯料相接触时，接触区应力较大。在第175步时，坯料翼缘端部逐渐与立辊分离，应力迅速减小，应力较大区域从接触区向翼缘和腹板连接部位扩展，说明翼缘和腹板连接部位出现较大的应力，如图3-4所示。从端部成型角度分析，由于翼缘和腹板连接部位所受较大应力，从而造成 R 角部位受力前凸变形，对最后舌形端部的形成造成重要影响作用。

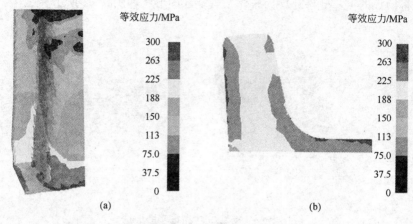

图 3 - 3 第一道次咬入时第 170 步等效应力分布云图
（a）坯料整体等效应力分布；（b）轧制区断面等效应力分布

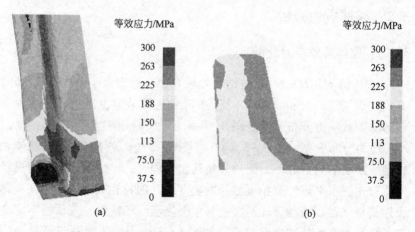

图 3 - 4 第一道次咬入时第 175 步等效应力分布云图
（a）坯料整体等效应力分布；（b）轧制区断面等效应力分布

从前三道次咬入时的应力分布云图中可以看出：坯料在轧制时翼缘和腹板的连接部位应力较大，这是因为万能轧制法轧制 H 型钢采用的是"X - H"轧制法，除最后一道次精轧机为"H"孔型外，前面轧制道次均为"X"孔型（除轧边机），水平辊和立辊辊环均存在

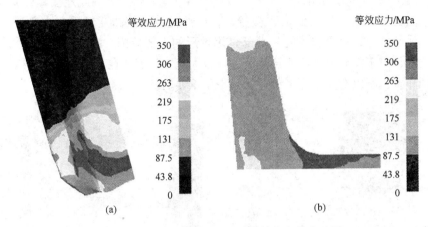

图 3-5　第二道次端部咬入时等效应力分布云图

（a）坯料整体等效应力分布；（b）轧制区断面等效应力分布

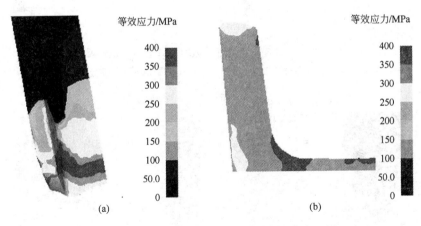

图 3-6　第三道次端部咬入时等效应力分布云图

（a）坯料整体等效应力分布；（b）轧制区断面等效应力分布

一定的倾斜角，在前几道次轧制时，翼缘向外伸展形成"X"形翼缘，而腹板对翼缘伸展产生限制作用，从而在翼缘和腹板之间产生了较大应力。此外，翼缘和腹板轧制时均发生较大变形，在连接部位存在比较复杂的金属流动和相互作用，也是该部位应力较大的重要原因。由于 H 型钢端部在翼缘和腹板处所受应力较大，因此连接部位 Z 向（轧制方向）轧制力也应较大，该部位受力前凸变形也比端部其他部位大，这是造成轧后端部鱼尾舌形的主要原因。在实际生产中，正是由于在翼缘和腹板连接处存在较大应力，因此在该部位容易出现开裂，所以对轧制孔型的控制是十分重要的。

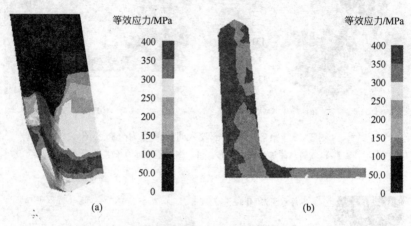

图 3 - 7　第四道次端部咬入时等效应力分布云图

（a）坯料整体等效应力分布；（b）轧制区断面等效应力分布

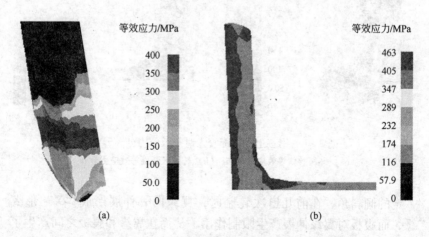

图 3 - 8　第六道次端部咬入时等效应力分布云图

（a）坯料整体等效应力分布；（b）轧制区断面等效应力分布

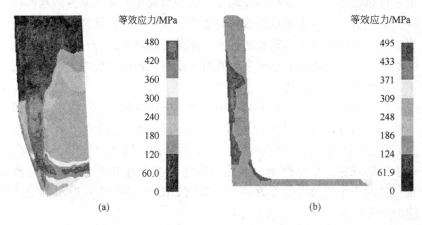

图 3 - 9　第七道次端部咬入时等效应力分布云图

（a）坯料整体等效应力分布；（b）轧制区断面等效应力分布

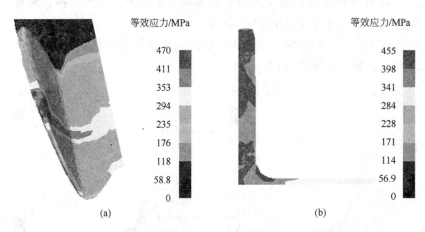

图 3 - 10　第九道次端部咬入时等效应力分布云图

（a）坯料整体等效应力分布；（b）轧制区断面等效应力分布

　　从第四道次到第九道次的咬入应力云图中可以看出：在轧制区内，水平辊与立辊同坯料接触部位的应力很大，同时翼缘与腹板的接触部位应力也始终比较大，说明在该连接处发生的较大的变形。因此，翼缘与腹板的连接部位必然发生了比较剧烈的金属的流动。从理论上可以推测，由于腹板厚度减小，腹板金属除了沿轧制方向延伸以外，必然有一定的金属从腹板流向翼缘，这一点可以从进一步分析金属的应变及速度场得到理论的证实。而随着轧制的进行，翼缘高度也必然增大，所以在第五道次和第八道次设置轧边机对翼缘边部施加压下，从而限制翼缘高度。

第九道次断面等效应力云图中（图3-10（b）），翼缘应力分布不规则，翼缘上部的等效应力较大、下部较小，这是由于前一道次（第八道次）为轧边机轧制过程，在对翼缘边部轧制过程中，上端部产生外翻现象、变形严重，因此在精轧道次中对翼缘上端部进行矫直，从而产生了较大的等效应力，造成如图3-10（b）所示的等效应力分布情况。

3.2.2 轧制方向应力分析

取H型钢端部轧制区截面轧制方向（Z方向）应力云图，对轧制方向的应力大小和方向进行分析，结果如图3-11～图3-17所示。在本章所建模型中，坯料向-Z方向运动，规定轧制正向为-Z方向、轧制反向为Z方向。

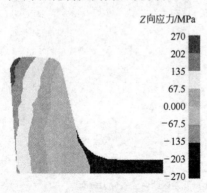

图3-11　第一道次横截面
Z向应力分布云图

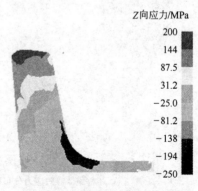

图3-12　第二道次横截面
Z向应力分布云图

从各道次轧制方向应力云图中可以看出：在腹板和翼缘连接部位受到-Z方向的应力最大。由于-Z方向为坯料运动方向，因此翼缘和腹板连接处向前延伸比较剧烈，前凸变形程度最大。这是由于该部位在水平辊和立辊共同作用下，受到轧制正向（$-Z$方向）的合力最大，因此沿轧制正向（$-Z$方向）的应力也最大，在第二、三、四、六、七、九道次截面Z向应力云图中表现得最为明显。

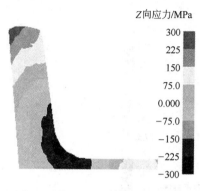

图3-13 第三道次横截面
Z向应力分布云图

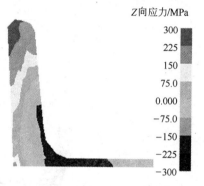

图3-14 第四道次横截面
Z向应力分布云图

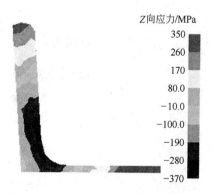

图3-15 第六道次横截面
Z向应力分布云图

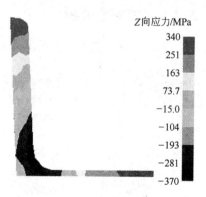

图3-16 第七道次横截面
Z向应力分布云图

H型钢可以看成由一块腹板和两块翼缘板所组成，从而对翼缘和腹板的端部分别进行分析。从各道次轧制方向应力云图中可以看出：腹板端部在连接部位受轧制正向（$-Z$方向）的应力最大，而在腹板中部受到轧制反向（Z方向）的应力最大，所以在轧制结束时，腹板端部将会形成鱼尾形状舌头，中间内凹、两端前凸。翼缘同样是在连接部位受轧制正向（-Z方向）应力最大，而在两边部受轧制反向的应力最大，所以在轧制结束时，翼缘端部将形成中间前凸的抛物线形状的舌头。

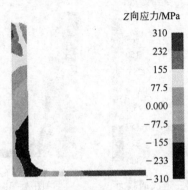

图3-17　第九道次横截面Z向应力分布云图

3.3　端部应变分析

图3-18～图3-26所示为H型钢轧制过程中各道次等效应变的

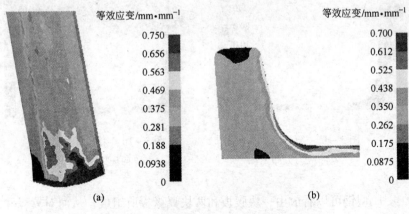

图3-18　第一道次端部等效应变分布云图
（a）第一道次三维云图；（b）第一道次端部截面云图

三维分布情况和端部截面等效应变分布情况。与等效应力云图有所不同，等效应变云图在各道次轧制后，该区域应变分布保持不变（轧件等效应力分布云图是随时间变化的，轧制时等效应力最大，轧前和轧后应力减小）。所以，等效应变的分布云图可以看成由端部咬入区和稳态轧制区组成，这主要是由于轧件咬入时为不稳定状态，造成端部舌头的应变分布不均匀并且较其他部位有较大变化。

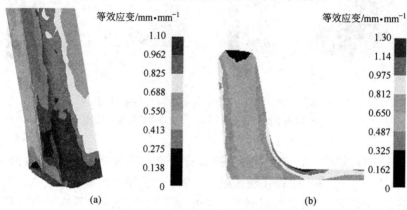

图 3-19　第二道次端部等效应变分布云图
（a）第二道次三维云图；（b）第二道次端部截面云图

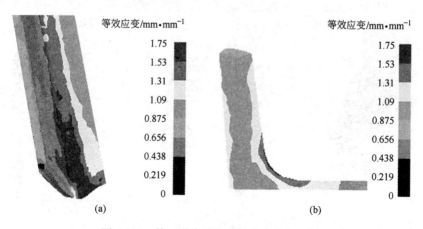

图 3-20　第三道次端部等效应变分布云图
（a）第三道次三维云图；（b）第三道次端部截面云图

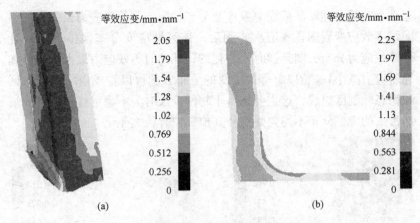

(a)　　　　　　　　　　　　　(b)

图 3 - 21　第四道次端部等效应变分布云图

（a）第四道次三维云图；（b）第四道次端部截面云图

从各道次等效应变分布云图来看，咬入时 R 角部位应变最大，翼缘除其内侧和水平辊接触区域、外侧同立辊接触区域等效应变较大外，其余部位等效应变量较小，其中翼缘的两边部的等效应变量最小。第五道次和第八道次为轧边机轧制过程，从这两道次应变端部截面的分布云图中可以看出，翼缘端部产生较大的变形，使翼缘高度降低，但变形仅仅局限在翼缘的端部，变形并没有渗透，如图 3 - 22 和

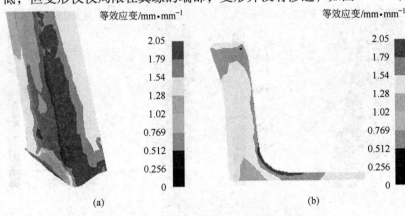

(a)　　　　　　　　　　　　　(b)

图 3 - 22　第五道次端部等效应变分布云图

（a）第五道次三维云图；（b）第五道次端部截面云图

图3-25所示。第六道次和第九道次的轧制过程将对有较大变形的翼缘端部进行矫直，所以在这两道次应变云图中翼缘端部应力依然较大，这点在截面图中更加明显，如图3-23和图3-26所示。

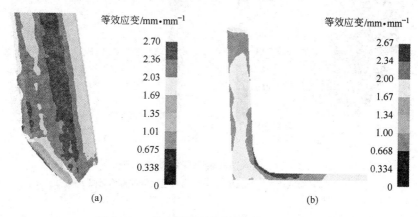

(a)　　　　　　　　(b)

图3-23　第六道次端部等效应变分布云图
（a）第六道次三维云图；（b）第六道次端部截面云图

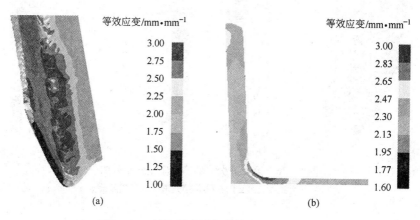

(a)　　　　　　　　(b)

图3-24　第七道次端部等效应变分布云图
（a）第七道次三维云图；（b）第七道次端部截面云图

从各道次等效应变分布云图来看，翼缘和腹板连接部位稍偏向腹板位置出现应变最大值，说明此处发生了比较剧烈的变形，翼缘上端

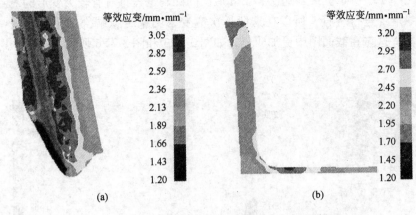

图 3-25 第八道次端部等效应变分布云图
(a) 第八道次三维云图；(b) 第八道次端部截面云图

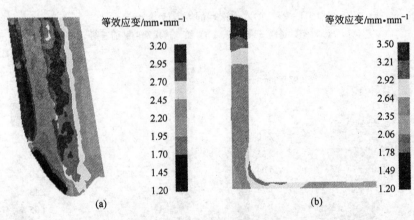

图 3-26 第九道次端部等效应变分布云图
(a) 第九道次三维云图；(b) 第九道次端部截面云图

部应变最小。随着道次的增加，翼缘和腹板的厚度逐渐减小，等效应变分布有了一些变化，沿翼缘厚度方向等效应变的分布不太明显，而沿翼缘高度方向的等效应变分布比较清晰。由于第五道次和第八道次对翼缘端部的轧制作用，最后几道次翼缘上端部的变形剧烈，该处应变值较大，这是与前几道次该部位应变值偏小所不同的。

从各道次等效应变三维分布云图和截面云图中可以看到：等效应分布是很不均匀的，一般等效应变最大值出现在翼缘和腹板的交界处并且稍偏向腹板位置，这点与该部位出现等效应力的最大值是相对应的。而腹板和翼缘的等效应变值相对较小，最小值出现在翼缘边部。等效塑性应变大的区域处的金属必然受到等效应变小的区域处金属的限制作用，所以翼缘和腹板处的金属会对翼缘腹板连接部位的金属产生一定的拉扯作用。从等效应变分布云图中还可以看出，腹板等效应变程度比翼缘大，所以翼缘很大程度上限制了腹板的延伸，而反过来腹板会对翼缘产生一定的拉扯作用，但该作用比较小，可以将腹板看成平面应变状态，变形较困难，而翼缘两边部为自由边，变形相对容易。总之，万能轧制比较复杂的孔型和变形条件的不同，决定了轧件断面必然会产生较大的不均匀性。

3.4 端部金属流动分析

分析热轧 H 型钢的端部舌头产生的原因，找到端部舌头长度的控制方法，必须知道 H 型钢轧制过程中金属的流动规律。所以，对轧制过程中端部速度场的模拟和分析是非常重要的，通过速度场可以找到金属流动方向和流动趋势，得到金属的流动规律。

对于 Z 方向速度场的分析，仍规定轧制正向为 $-Z$ 方向，轧制反向为 Z 方向。由于 Z 方向速度在轧制截面上的分布随时间的变化而变化，因此选用三维速度场云图来表示金属的流动速度和流动方向，如图 3 - 27 ~ 图 3 - 35 所示。在图中，深颜色的地方实际代表具有最大轧制正向（ $-Z$ 方向）的速度，浅颜色的地方实际代表具有最小轧制正向（ $-Z$ 方向）的速度。

热轧 H 型钢在轧制时，水平辊为主动辊，腹板所受轧制方向轧制力较大，而翼缘腹板连接的 R 角部位金属层较厚，故该处压下量偏大，该处金属受到周围的压应力从而产生向前的速度分量，所以 R 角附近靠近腹板部位率先前凸变形；而翼缘变形滞后，并且由于立辊为被动辊，更加造成翼缘部位变形的滞后性，端部畸变就此产生。

从前四道次的 Z 方向速度场云图（图 3 - 27 ~ 图 3 - 30）中可以看到，腹板与水平辊接触部位和翼缘腹板的连接 R 角部位瞬时速度

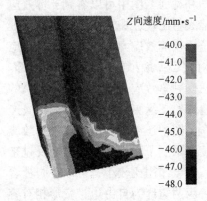

Z向速度/mm·s⁻¹

- 40.0
- 41.0
- 42.0
- 43.0
- 44.0
- 45.0
- 46.0
- 47.0
- 48.0

图 3-27　第一道次 Z 向
速度分布云图

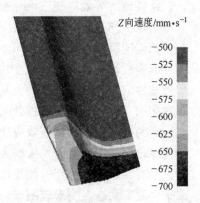

Z向速度/mm·s⁻¹

- 500
- 525
- 550
- 575
- 600
- 625
- 650
- 675
- 700

图 3-28　第二道次 Z 向
速度分布云图

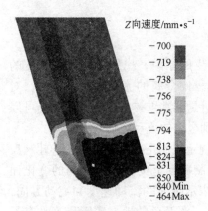

Z向速度/mm·s⁻¹

- 700
- 719
- 738
- 756
- 775
- 794
- 813
- 824
- 831
- 850
- 840 Min
- 464 Max

图 3-29　第三道次 Z 向
速度分布云图

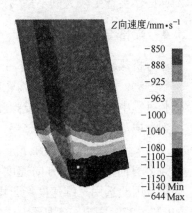

Z向速度/mm·s⁻¹

- 850
- 888
- 925
- 963
- 1000
- 1040
- 1080
- 1100
- 1110
- 1150
- 1140 Min
- 644 Max

图 3-30　第四道次 Z 向
速度分布云图

最大，并以此为中心向翼缘方向速度值逐渐减小；在翼缘高度方向上随着翼缘高度的增加，Z 方向应力也有减小的趋势，这就使得在横断面上翼缘边部的外侧将具有最小的速度值。第五道次和第八道次轧边机轧制时，翼缘上端部与轧边机接触变形，接触点沿轧制正向（$-Z$方向）的速度最小，这是由于接触点周围金属对该接触部位具有向后的阻碍作用，而由接触点向四周延伸方向的轧制正向的速度逐渐增大。而后四道次的 Z 方向速度云图（图 3-31～图 3-35）中可以看

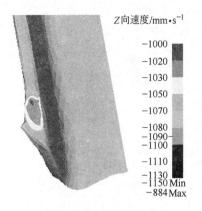

图3-31 第五道次Z向
速度分布云图

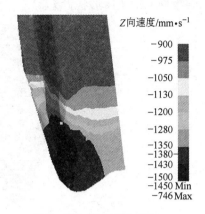

图3-32 第六道次Z向
速度分布云图

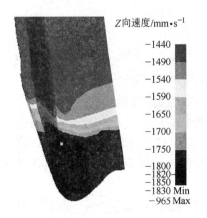

图3-33 第七道次Z向
速度分布云图

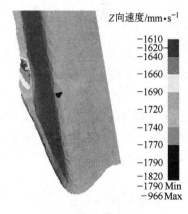

图3-34 第八道次Z向
速度分布云图

到：由于前几道次所带来的R角部位前凸的现象逐渐明显，所以在后几道次的轧制过程中，前凸的部位率先与轧辊接触，这就造成了前凸部位前凸程度越加剧烈，前几道次滞后的部位滞后程度也越加剧烈，故R角部位前凸更为明显；而翼缘边部金属相对后移的现象也越加明显，在翼缘部位形成明显的箭头状舌头，其舌头长度远远大于腹板形成的鱼尾形状舌头。

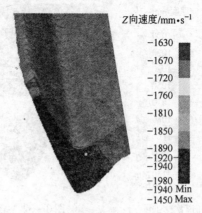

图 3 – 35　第九道次 Z 向速度分布云图

3.5　端部舌头成因分析

　　热轧 H 型钢的端部舌头的产生原因是比较复杂的，形成的原因也是多因素的共同作用的结果，舌头的生成在某种程度上说是必然的和不可避免的，本小节仅从金属流动规律角度分析热轧 H 型钢端部形成的原因。通过前面对 H 型钢轧制过程中的应力、应变及金属速度场的分析，得到热轧 H 型钢轧制过程中端部变形的一般规律，这些规律在控制舌头长度、减小金属切损方面有一定的理论指导价值[65]。

　　从模拟结果来看，翼缘和腹板的连接处前凸最为严重，轧件此部位轧制正向的应力和应变较大，金属向轧制正向流动，在此部位的金属对周围金属有一定的拉扯作用；同时，周围金属对该部位金属有一定的阻碍作用。

　　腹板中部相对于两侧轧制正向的应力和应变值稍小，故相对于两侧的翼缘和腹板连接部位内凹，使腹板形成了鱼尾状舌头；同时，腹板中部的金属对两侧连接部位金属有拉扯作用，阻碍金属流动，两侧连接部位金属也对腹板中部有一定的拉拽作用。由于腹板整体沿轧制正向的应力较翼缘要大，因此舌头长度主要取决于翼缘舌头的大小。

翼缘的边部为自由边，在轧制过程中所受轧制正向的应力和应变最小，相对于翼缘中间部位（也就是翼缘和腹板相连接的 R 角部位）具有较大的轧制负向的应力，而且轧制负向应力值随翼缘高度的增加而增大，这就造成翼缘中间和腹板连接部位具有最大的轧制正向的应力，两侧轧制应力值逐渐减小，从而形成了以中间部位为顶点的抛物线形状的舌头。翼缘两侧金属对中间连接部位金属有一定的拉扯作用，阻碍该部位金属沿轧制正向移动；反过来，翼缘中部对两侧金属有一定的拉拽作用，但由于翼缘两侧为自由边，拉拽作用不大。由于翼缘自由边的存在，使得翼缘整体沿轧制方向的应力最小，而其自由端部为最小值，因此轧后舌头的大小主要取决于翼缘舌头的大小，可以称其为翼缘的"自由边效应"。

综上所述，由于万能轧制工艺的原因，热轧 H 型钢在轧制完成后腹板将形成鱼尾状舌头，而翼缘部位将形成以中间连接 R 角部位为顶点的抛物线形舌头，在现有万能轧制工艺的限制下，这种舌头的产生是必然的，但影响这种舌头的因素还有多种，如翼缘"自由边效应"的存在使 H 型钢轧后翼缘部位舌头远大于腹板部位舌头，如果能有效减小 H 型钢轧制过程中由于"自由边效应"所带来的舌头过大部分，使翼缘和腹板部位舌头长度相同或相似，这样就能有效减小 H 型钢轧后整体舌头的长度，从而达到减小金属切损量的目的。

3.6 H型钢轧制规程的优化模拟

从前面的模拟结果中可以看到，在现有轧制过程对 H 型钢进行轧制时，经过九道次连轧后轧件端部呈鱼尾状舌形，舌头较长，在实际生产中这部分金属将作为废料而被切除，切损比较严重。所以减小舌头长度，降低 H 型钢端部切损率是非常重要的，具有非常大的实际应用价值[66]。

通过前面的模拟结果对现有轧制规程进行综合分析，并对该现有轧制规程进行改进，然后将改进后的轧制规程导入 DEFORM - 3D 中再次进行模拟，将此模拟结果同现场规程的模拟结果对比分析，使改进后的整体端部舌头得到有效的减小，达到减小切头损失的目的。

3.6.1 优化思路设计

通过对 H 型钢轧制过程中的应力、应变及金属流动的分析，我们知道在 H 型钢的成型过程中变形比较复杂，应力和应变分布也具有复杂性和不均匀性，这是由 H 型钢成型所使用的万能轧制孔型的复杂性所决定的。一般来讲，在 H 型钢万能轧制过程中，舌头的产生是必然的，不可避免的。在经过多道次轧制后必然要形成一定的舌头，舌头的大小、长短及形成原因是复杂多样的，如轧制完成后轧件内部残余应力的存在也会促使轧后舌头的产生。本书只从应力及应变的角度对端部成因进行分析，不考虑残余应力等因素对轧件端部舌头大小的影响，通过优化轧制规程来实现轧后轧件舌头的有效减小，从而达到尽可能降低切头损失率的目的。

从前面模拟结果来看，腹板端部出现鱼尾状舌形端部，而翼缘部位出现以中间翼缘和腹板连接部位为顶点的抛物线形舌头是必然的，而最终影响热轧 H 型钢舌头大小的关键因素是翼缘的舌头大小。前面分析了由于翼缘边部是自由边，在轧制时出现了对翼缘舌头长度不利的"自由边效应"，所以如果减小边部效应造成的影响，就必然使 H 型钢的轧后舌头长度减小。

从金属流动角度考虑，H 型钢整体金属的流动是由腹板向翼缘方向的流动，从前面根据现有轧制规程得到的模拟结果来看，前几道次金属从腹板向翼缘流动量稍显不足，翼缘边部逐渐内凹，随着轧制道次的增加，翼缘边部效应逐渐累积增大，至轧制完成后翼缘自由边部相对于中间部位内凹已经相当严重。因此可以考虑在前几道次增大腹板的压下量，从而增加前几道次腹板向翼缘金属流动量，使前几道次翼缘边部效应不明显，而后几道次也有足够多的金属应对边部效应的分布，从而使端部整体由腹板向翼缘的金属流动量增大，使轧后端部舌头上的金属沿腹板和翼缘较平均地分配，这样就可以有效减小端部舌头的大小。可以通过减小前几道次翼缘和腹板的延伸比这个重要参数来实现目标。

3.6.2 轧制规程的优化与模拟

在 H 型钢的轧制过程中，H 型钢的翼缘和腹板的延伸比是一个极为重要的参数。一般通用的压下量分配方法是使翼缘的伸长率比腹板的伸长率大 3% ~ 5%，根据现场轧制规程得到的 H200mm × 200mm 型 H 型钢各道次翼缘和腹板的延伸比，见表 3 - 1。由于第五道次和第八道次为轧边机，翼缘和腹板的延伸比近似看成 1，这样的简化处理对 H 型钢整体变形过程中的金属流动影响不大。

表 3 - 1   优化前后翼缘和腹板各道次的延伸比

道　次	1	2	3	4	5	6	7	8	9
优化前延伸比	1.010	1.021	1.030	1.026	1.000	1.031	1.050	1.000	1.070
优化后延伸比	0.960	1.000	1.030	1.048	1.000	1.062	1.065	1.000	1.067

根据轧制现场得到的翼缘和腹板的延伸比是按通用轧制情况制定的，从模拟的结果来看端部舌头依然较大，切损依然比较严重，造成了极大的浪费。我们通过在前几道次增大腹板的压下量，使前几道次翼缘和腹板的延伸比减小，抑制前几道次翼缘金属向腹板大量流动的趋势，在后几道次再增大翼缘和腹板的延伸比，这样应该可以有效抑制翼缘和腹板间金属流动，使由于金属流动造成的舌形端部大小得到有效的控制。优化后得到的新的翼缘和腹板各道次延伸比（其中第五道次和第八道次为轧边过程）见表 3 - 1。

根据优化后各道次翼缘和腹板的延伸比，经过计算可以得到优化后新的轧制规程，见表 3 - 2。

依据表 3 - 2 所列压下规程，对具有优化轧制规程的 200mm × 200mm 规格的 H 型钢进行再次模拟。

表 3 - 2   优化压下规程

道　次	轧　辊	辊缝值/mm
一	水平辊	24.08
	立辊	46.40

续表 3 - 2

道 次	轧 辊	辊缝值/mm
二	水平辊	18.50
	立辊	35.70
三	水平辊	14.62
	立辊	27.40
四	水平辊	11.88
	立辊	21.10
五	水平辊	11.88
六	水平辊	9.12
	立辊	15.70
七	水平辊	8.18
	立辊	13.20
八	水平辊	8.18
九	水平辊	8.00
	立辊	12.00

3.6.3 优化后的模拟结果

图 3 - 36 所示为具有现场规程和优化规程的各道次轧后端部形状的对比图,左侧图为优化以前具有现场轧制规程的各道次轧后端部形状模拟结果,右侧图为具有优化后轧制规程的各道次轧后端部形状模拟结果。从图 3 - 36 中可以看到,采用优化规程轧制后轧件端部整体舌头有了比较明显的改善,其中翼缘的自由边效应造成的较大舌头有所减小,腹板部位生成的鱼尾状舌头有所增大,金属在腹板和翼缘上比较均匀地分布,翼缘舌头和腹板舌头大小尺寸相差不大,分布比较平均,这就使 H 型钢整体舌头有了比较显著的减小,端部切损量自

然会有比较明显的降低，达到了预期的通过改善轧制规程实现减小切头损失的目的。

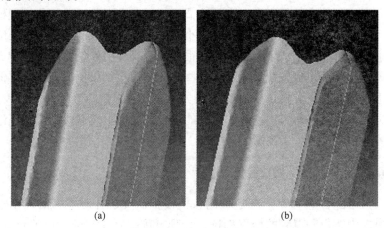

(a)　　　　　　　　　(b)

图3-36　第九道次轧后端部整体形状对比

(a) 现场规程；(b) 优化规程

　　表3-3所示为优化前后各道次轧后舌头长度值，从定量角度充分说明改进后的优化规程所具有的非常良好的优化效果。从表3-3中可以看出，经过九道次连轧后端部舌头明显减小，舌头减小率达到了37.16%。由于增大前两道次的压下量，使轧件前两道次整体舌头长度稍有增大。但由于H型钢轧制过程中金属的总体流动方向是从腹板向翼缘方向流动，因此在后面道次翼缘部位有足够多的金属量进行补充，从表3-3中可以看到后面道次翼缘舌头长度增长比较缓慢，这样就使得随着道次的增加，优化后舌头长度减小量逐渐增大，优化效果增加。由于H型钢整体舌头大小主要取决于翼缘部位舌头长度，因此优化后轧件整体舌头长度减小量也逐渐增大，轧件舌头长度得到了有效的控制。

表3-3　优化前后各道次端部舌头长度对比　　　　　　　(mm)

道次	优化前舌头长度			优化后舌头长度			优化前后舌头长度减小量
	腹板	翼缘	总舌头	腹板	翼缘	总舌头	
九	51	148	148	55	93	93	55

　　建立的模型为简化模型，坯料原始长度设置为1000mm，各架轧机之间距离相对比较接近，这些都使模拟计算的过程简化，充分利用了有限的硬件、软件资源，有效地节省了时间，但是通过简化模型模拟后的端部舌头会比实际生产中的小，这是因为选取的原始坯料长度较小，不可能产生实际生产中相对很大的舌头，另外忽略了残余应力和现场实际操作复杂性等因素，这些都会使模拟结果比较理想化。但由于本书主要从分析热轧H型钢应力、应变和金属流动性角度出发，通过改善压下规程来实现端部舌头的长度，所以上述这些因素对理论上的分析不会有太大的影响。

3.6.4 有限元法准确性验证

　　为了配合H型钢热轧过程的数值模拟研究，并对本书的轧制过程模拟中腹板和翼缘的压下率进行合理分配，减小端部舌形的长度，利用河北联合大学轧钢实验室的单机架万能轧机上进行H型钢轧制实验。

　　参考成品规格为 H200mm × 200mm × 12mm × 8mm，其精轧来料尺寸为293mm × 218mm/59mm × 32mm。实验用铸坯尺寸参照精轧来料尺寸，并按比例缩小，其尺寸为 68.6mm × 51mm/7.5mm × 13.9mm。按照表 3 – 1 的压下规程，与其具有相同延伸比的实验轧件的轧制规程见表 3 – 4。实验轧件按照表 3 – 4 所示的轧制规程轧制。由于实验室没有轧边机，省略道次五和道次八的轧边过程。实验轧件的端部舌形如图 3 – 37 所示。

表 3 – 4　所选试样的压下规程

道　　次	轧　　辊	辊缝值/mm
一	水平辊	5.9
	立辊	10.8
二	水平辊	4.7
	立辊	8.3
三	水平辊	3.7
	立辊	6.4

道　次	轧　辊	辊缝值/mm
四	水平辊	2.9
	立辊	5.0
五	水平辊	2.3
	立辊	3.8
六	水平辊	2.3
	立辊	3.1
七	水平辊	1.9
	立辊	2.9

 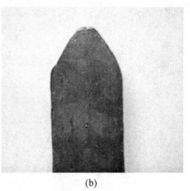

(a)　　　　　　　　　　　　　　(b)

图 3-37　实验轧件的端部舌形

（a）试样腹板形状；（b）试样翼缘形状

由图 3-37 中可以看到，实验轧件的腹板端部呈现比较明显的鱼尾状舌头，而其翼缘部位呈现比较明显的以中间部位为顶点的抛物线形状，说明在实验轧件的端部形状模拟结果比较接近。

图 3-38 和图 3-39 为通过 DEFORM-3D 软件模拟的端部相对位移值与实验轧件端部形状的分布及对比。由图 3-38 和图 3-39 可知，实验轧件的端部形状与有限元模拟的结果是基本吻合的。所以，选用刚塑性有限元法对热轧 H 型钢的轧制模拟及其端部分析结果是比较准确的。

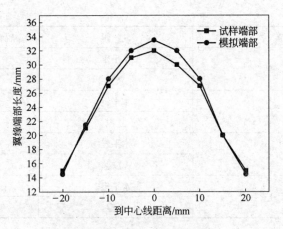

图 3-38 翼缘端部形状比较

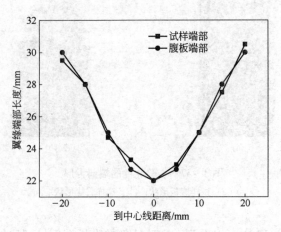

图 3-39 腹板端部形状比较

4 H型钢残余应力及应变控制研究

4.1 残余应力及其危害

4.1.1 残余应力及其产生形式

构件在制造加工过程中，将受到来自各种工艺等因素的作用与影响，当这些因素消失之后，若构件所受到的上述作用与影响不能随之而完全消失，仍有部分作用与影响残留在构件内，这种遗留的作用与影响称为残留应力，或称残余应力。残余应力是物体在没有外部因素作用时，在物体内部保持平衡的应力。

不均匀塑性变形，温度不均以及相变或沉淀析出引起的体积变化和化学变化均能够引起参与应力的产生[67]。例如，淬火产生的残余应力就是由热应力和相变应力产生的，拉拔、冷加工产生的残余应力是由塑性变形不均匀产生的、切削加工残余应力是与机械应力所造成的塑性变形以及热应力产生的塑性变形有关等。

4.1.2 残余应力的危害以及消除

残余应力的危害主要有两方面：对疲劳材料强度的影响和对构件形状尺寸和稳定性的影响[68]。例如，构件纵向弯曲变形残余应力对其静稳定性有一定的影响，使构件的实际细长比急剧减小。压缩残余应力使构件的疲劳极限提高，拉伸残余应力将降低构件的疲劳极限。此外，残余应力还提高构件脆性断裂性和应力的腐蚀开裂性。在实际生产中残余应力的产生是不可避免的，如何减少残余应力的产生是实际生产迫切需要解决的问题。

现如今消除残余应力的方法主要有两种：（1）热作用消除残余应力；（2）机械作用消除残余应力[69]。

热作用消除残余应力主要通过时效退火。一般在材料的回复或再结晶温度的范围内加热和保温几个小时至几十个小时，这是很有效的办法，可是它对能量的消耗、对设备的要求也是不可忽视的。机械消除残余应力主要有表面滚压、表面喷丸、矫正、锤击法、过载法和振动消除法（VSR 技术）等。其中，振动法已经在国外广泛使用，国内正逐步被采用。其原理是工件在激振器所施加的一定频率、一定大小的激振力作用下产生强迫振动。这种振动从宏观上讲是对工件施加一种机械力作用；从微观上讲是提高了工件中原子的动能，因而它又与热作用类似[70]。

4.1.3 H型钢残余应力的产生

H 型钢轧制时金属流动大，纵向延伸比较长。由于工件是一个不可分割的整体，各个部分变形时互相制约，在变形后相互作用的力即为内应力。加工后材料的内应力即为残余应力[70]。

由于 H 型钢断面异形，各个部分变形率不同。腹板厚度小于翼缘厚度，冷却时腹板和翼缘冷却速度不同导致 H 型钢存在很大的结构应力和残余热应力。轧后 H 型钢残余热应力表现为：腹板部位为压应力状态，翼缘与腹板连接部位表现为拉应力状态，翼缘边部变现为压应力状态，腹板部位的压应力最高；H 型钢断面各个部位沿厚度方向的分布也是不均匀的，其中腹板表面为压应力状态，翼缘中心则为拉应力状态。热轧 H 型钢残余应力的存在[71]对其性能产生影响，特别是对于性能优越的大尺寸、小腰腿厚度比大的大型 H 型钢影响最为明显。存在较大的残余应力容易引起一系列问题[72,73]，如腹板波浪、腹板开裂、火焰切割或焊接时产生裂纹。

残余应力对钢梁稳定性的影响主要有两点：一是残余应力的存在，使截面上提前出现塑性区域，从而提前出现非弹性屈服，加大了出现非弹性屈曲的范围；二是降低了非弹性屈曲的临界载荷[74]。

张绪涛等[75]在对 H 型钢屈服性能研究中发现，纵向残余应力降低了构件的抗弯刚度，对构件的侧向刚度略有减弱作用，但残余应力峰值的变化对刚度基本没有影响。残余应力峰值越大，弹性承载力和极限承载力越低。承载力（尤其是弹性承载力）对残余应力很敏感。

当不存在残余应力时，构件的极限承载力与弹性承载力差别不大；当存在残余应力时，构件的极限承载力要比弹性承载力大很多。这说明残余应力的存在虽然降低了构件的弹性承载力，但是提高了构件的延性。

残余应力的存在促进了构件局部屈曲的发展，从而影响了构件屈曲性能[76]：腹板越薄，构件的屈曲性能对残余应力峰值的大小越敏感；构件越长，残余应力对构件的屈曲性能影响越大，但残余应力峰值的大小对屈曲性能的影响却很小；翼缘越宽，构件的屈曲性能受残余应力峰值大小的影响越大。因此为了消除工程中的安全隐患，对 H 型钢的残余应力的控制是十分必要的。

H 型钢残余应力的产生主要是由于在变形过程中温度的不均匀产生的，在冷却过程温度场的研究中，赵建琴[77]认为终轧后空冷至矫直温度过程中，由于温度场分布不均在 H 型钢内部沿轧向会形成分布极为不均的轧向热应力场，腹板中央为最大压应力分布区，腹板和翼缘之间的最大应力相差 400MPa 左右。在型钢的冷却过程中，相变潜热会加剧 H 型钢腹板内部热应力场的不均匀性。

4.1.4 H 型钢残余应力的研究

残余应力的存在对 H 型钢性能具有很大的影响，因此为了减小生产过程中 H 型钢断面残余应力，学者们对其进行了深入的研究。

管奔等[78]对 H 型钢矫直过程中残余应力的演变进行了详细的研究。其通过弹塑性基本理论对存有残余应力的 H 型钢的截面反弯过程进行弹塑性理论分析，验证了导致截面弯曲中性轴位移的非对称弯曲状态是由初始残余应力影响的。管奔等还发现 H 型钢同一截面下翼缘和腹板间的拉压应力消减是由矫直前期的非对称弹塑性弯曲过程作用产生的，在矫直后期对称弯曲过程进一步减小 H 型钢断面残余应力；H 型钢在矫直过程中不同时期中的不同的弹塑性弯曲对 H 型钢断面残余应力具有不同的影响。

河北联合大学的李红斌等[79]利用 ANSYS 有限元模拟软件对热轧 H 型钢轧制过程进行了有限元模拟分析，详细地得到了各个部位残余应力值，发现 H 型钢断面中腹板与翼缘的交界处压应力最大。

朱国明等[80]利用 LS – DYNA 仿真软件对 H 型钢轧制全过程以及轧后冷却进行了有限元分析，详细地分析了 H 型钢轧后断面温度分布以及残余应力的分布。根据模拟结果对其模拟 H 型钢轧后对翼缘外侧进行强制冷却，经过强制冷却后 H 型钢整体温度分布较为均匀、残余应力有效降低，为实际生产提供良好的理论依据。

北京科技大学的吴林[81]通过建立 H 型钢精轧过程有限元模拟模型，运用 ANSYS 软件建立有限元模型进行仿真比较，对比了不同断面温差下 H 型钢残余应力的分布和大小，得到了减小腹板和 R 角部位的温差能有限减小残余应力的结论。

马钢的戚寅寅等[82]通过盲孔法对热轧 H 型钢和焊接 H 型钢残余应力进行了测定，得到了焊接 H 型钢与热轧 H 型钢残余应力分布规律，以及热轧 H 型钢较焊接 H 型钢腹板部位残余应力大的结论。

汤夕春等[83]利用 ANSYS 有限元模拟原件对 56 种残余应力分布下的七根构件进行有限元模拟分析，其认为翼缘端部部位残余应力对钢柱的极限承载力影响最为明显，翼缘中部和腹板部位对钢柱极限承载能力次之。

谢世红等[84]针对 H 型钢轧后断面温差较大，残余应力分布不均匀的问题进行研究。其自主研制一套新型冷却装置，并提出了将终轧温度控制在 700℃ 的冷却装置设置方案。这套装置与方案实际冷却效果好，有效地减小了断面温差，对实际生产中残余应力的控制提供良好的技术支持。

4.2 开坯过程有限模拟元分析

大型 H 型钢在轧制变形过程中，开坯过程中坯料产生的形变量占整个轧制变形量的绝大部分。开坯轧制后坯料的性能对后续生产出的产品有很大的影响因素，因此对 H 型钢开坯过程的研究显得十分必要[85]。

分别对 H 型钢开坯过程中不同开坯温度、初始晶粒尺寸、开坯速度等模拟条件进行轧制模拟。设定初始模拟条件为模拟条件一，其轧制速度见表 4 – 1 速度一，开坯温度 1100℃，初始晶粒尺寸为 100μm。模拟条件二开坯温度 1100℃，轧制速度见表 4 – 1 速度二，初始晶粒尺寸为 100μm。模拟条件三开坯温度 1050℃，轧制速度见表 4-1 速度一，初始晶粒尺寸为 1100μm。模拟条件四开坯温度 1100℃，轧制速度见表 4-1 速度一，初始晶粒尺寸为 150μm。

表 4-1　各道次辊速　　　　　　　　　　（rad/s）

轧制速度	轧　制　道　次						
	道次一	道次二	道次三	道次四	道次五	道次六	道次七
速度一	0.547	0.558	0.62	0.75	0.682	0.738	0.88
速度二	0.558	0.572	0.64	0.80	0.71	0.82	0.94

开坯过程共有七道次，其中第四道次为箱形孔型。为了更为清楚地了解 H 型钢在变形过程中断面不同部位变形情况，在 H 型钢某一断面设定六个追踪点，六个追踪点位置如图 4-1 所示。

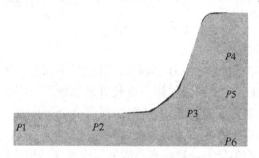

图 4-1　追踪点分布

图 4-1 为追踪点分布图，其中 P1 为腹板厚 1/4、宽 1/2 处；P2 为腹板厚 1/4、宽 1/3 处；P3 为 R 角部位；P4 为翼缘厚度 1/2、宽 1/4 处；P5 为翼缘 1/2、宽 1/3 处；P6 为腹板厚 1/2 靠近翼缘部位。

4.2.1　轧制速度对残余应变的影响

在 H 型钢实际生产中，轧制速度同时受到加热炉加热速度、冷却床长度、冷却速率等因素影响。不同的轧制速度对电动机的要求和功率的消耗是有很大差别的，较高速度的轧制速度可以提高生产效率但是对轧辊有很大磨损，大大增加了电机的负荷，缩短电机的使用寿命。在轧制时较快的轧制速度需要更多的消耗能量，增加了成本。因此，合理地制定轧制速度对实际生产具有很重要的意义。

分别对模拟条件一和模拟条件二进行有限元模拟计算，模拟条件一轧后温度分布以及应变分布如图4-2和图4-3所示。

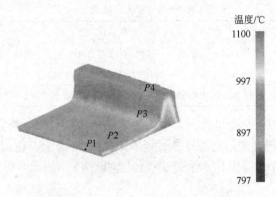

图4-2　H型钢轧后温度分布（条件一）

图4-2为模拟条件一H型钢开坯轧制结束后整体温度分布。由图4-2可以看出，H型钢整体温度较开轧温度有所降低，其中翼缘边部温度降低最为明显，由H型钢断面温度分布可以看到，H型钢温度最高的部位是R角部位。腹板部位温度分布较为均匀，翼缘和R角断面温度存在温度差。翼缘坯料表面温度和内部相差较大。

图4-3　H型钢整体残余应变分布（条件一）

图4-3为模拟条件一H型钢开坯轧制结束后残余应变分布图。由图4-3可以观察到，开坯结束后H型钢整体均存有残余应变，其

中腹板、翼缘边部和翼缘内侧残余应变最大。H 型钢在轧制时，表层晶粒最先发生变形，然后是紧挨着表层晶粒的次层晶粒。H 型钢坯料腹板厚度最小、翼缘厚度最大，开坯过程腹板变形量远远大于翼缘的变形量，所以开坯结束后腹板部位整体晶粒均发生了很大的变形。开坯过程中需要对翼缘宽度进行控制，所以仅在翼缘内侧轧制表面和翼缘边部发生了变形，内侧由于变形量较小，断面残余应变翼缘部位分布不均匀，仅在翼缘内侧和翼缘边部产生了较大的残余应变。

图 4 - 4 和图 4 - 5 分别为模拟条件一和模拟条件二追踪点残余应变变化图。H 型钢在开坯过程中整体残余应变 H 型钢在轧制过程中整体残余应变不断增大，前两道次最大残余应变发生在 R 角部位，后五道次最大残余应变发生在腹板部位。在箱形孔轧制时残余应变变化很小。其中腹板部位 $P2$ 点残余应变最大，腹板厚 1/2 靠近翼缘部位的 $P6$ 点残余应变最小。在开坯过程中主要是对腹板的宽度、腹板的厚度以及翼缘的宽度进行控制轧制。前两道次主要对腹板进行宽展，腹板处受到拉应变、翼缘受到压应变，因此在 R 角部位会受到一个混合的应变，且 R 角在前两道次受到的轧制压力大，变形量较大，所以在前两道次变形时 R 角部位残余应变大。后五道次轧制中腹板受到的轧制变形量大于翼缘和 R 角部位，因此在后续的轧制过程中，腹板的残余应变远远大于翼缘和 R 角部位。

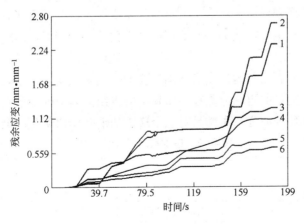

图 4 - 4 追踪点残余应变变化（条件一）

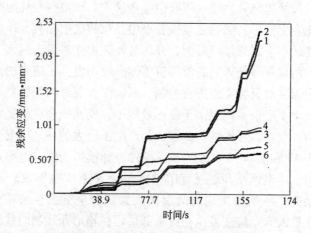

图4-5 追踪点残余应变变化（条件二）

表4-2为模拟条件一和模拟条件二轧后追踪点残余应变值。由表4-2可以看出增快轧制速度H型钢整体残余应变减小，其中腹板$P2$点、R角部位$P3$点以及翼缘$P4$点变化最为明显，残余应变分别减小9.7%、25.8%和14.7%。由图4-4和图4-5可以看出，较快的开坯速度在前三道次轧制后残余应变较小，第四、五、六道次残余应变增长速度更快。由于坯料初始状态下，快速的轧制需要更多的能量，坯料在变形时相应会积攒更高的畸变能，这些畸变能有利于再结晶晶粒的产生，再结晶晶粒的产生会消耗这些畸变能。前三道次快速轧制时坯料表层晶粒快速地发生变形，轧件内部的晶粒变形很少，这样由于轧件表层和内部变形不均匀会产生残余应变，但是表层变形量大，产生大量的再结晶晶粒，而新生的再结晶晶粒内部没有缺陷，减小了整体残余应变。再结晶对残余应力的消除作用明显。最后三道次

表4-2 追踪点轧后残余应变值

模　拟	轧后残余应变值					
条　件	$P1$	$P2$	$P3$	$P4$	$P5$	$P6$
条件一	2.32	2.66	1.28	1.16	0.76	0.64
条件二	2.28	2.41	0.95	0.99	0.71	0.61

轧制时，由于受到前三道次变形的影响，轧件整体变形不均匀性明显，导致后续轧制时残余应变极剧上升。

较缓慢的轧制速度有利于 H 型钢整体变形均匀性，但是轧后残余应变大。较快的轧制速度能有效地减小残余应变，但是能量消耗大，轧辊磨损变大，成本投入增大。因此，合理地控制轧制速度对生产出高质量的产品具有很重要的意义。

4.2.2 开坯温度残余应变的影响

开坯温度直接影响终轧温度，开坯温度的制定是由轧制速度、冷却速度、加热炉加热速度、产品轧后用途等决定的。较高的开坯温度会增长在加热炉中的时间、轧后冷却时间，影响生产效率，增大成本。较低的开坯温度下坯料硬度大，开坯轧制时需要更多的轧制力，可能在轧制过程中达到相变温度，产生的产品组织混乱，影响其使用。

图 4-6 为模拟条件三开坯结束后追踪点残余应变变化图。由图 4-6 和图 4-4 可以看出，H 型钢断面追踪点在不同开坯温度下残余应变变化趋势相同，H 型钢各个部位残余应变变化不大，仅在腹板 $P2$ 点残余应变有明显增大。各追踪点轧后温度及残余应变见表4-3。

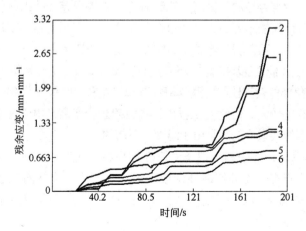

图 4-6　1050℃开坯追踪点残余应变变化图（条件三）

表 4 - 3　追踪点轧后温度及残余应变

开坯温度		P1	P2	P3	P4	P5	P6
1100℃	轧后温度/℃	1068	1060	1086	1040	1059	1089
	残余应变	2.32	2.66	1.28	1.15	0.78	0.65
1050℃	轧后温度/℃	1019	1050	1133	1010	1038	1039
	残余应变	2.53	3.16	1.20	1.16	0.76	0.64

表 4 - 3 为 H 型钢开坯结束后端面追踪点残余应变值以及温度大小。由表 4 - 3 可以看出，H 型钢断面温度最高处在 R 角部位和 P6 点部位，翼缘部位 P5 点温度低于 R 角部位高于腹板，但是翼缘边部 P4 点温度较低于其他部位。

H 型钢在轧制变形过程中，轧件由于产生变形，会在晶粒内部产生变形生热，变形生热会增加坯料的温度，但是坯料温度高于轧辊以及冷却水等，所以其温度会自发地向外界散发热量，从而降低温度。降温过程散发的热量高于变形生热产生的热量，所以坯料轧后温度会降低。H 型钢开坯时腹板变形量大，产生的热量高，但是其厚度小，单位面积上存储的热量小于翼缘单位面的热量。同时腹板轧制时受冷却水冷的效果最好，所以其温度较低于其他部位。翼缘边部由于对外界散热的面积大，同时其变形量小，因此其再开坯结束后温度最高。翼缘其他部位由于厚度大，内部存储的能量高，轧制时冷却效果最差，所以在轧后其温度较高。R 角部位厚度最大，R 角在轧制变形时变形复杂，变形量相对较大，所以在轧后其温度最高。1100℃温度下开坯结束后 H 型钢断面 R 角部位较其他部位温差相差为 25℃左右，1050℃温度下开坯结束后 H 型钢断面 R 角部位较其他部位温差相差为 12℃左右。但是观察 P4、P5、P6 三点温差相差较大。由此可以看出，腹板残余应变高是由于变形不均匀引起的，翼缘残余应变高是由于温度差引起的。

比较模拟条件一和模拟条件三轧后坯料断面追踪点残余应变：腹板 P1、P2 点在低温轧制时残余应变更大，R 角部位低温轧制后残余应变低于高温轧制后的残余应变，P4、P4、P5 点不同温度下轧后残余应变变化不大。

在相同变形量下较高温度的晶粒再结晶能力较强，高温轧制下产生的再结晶晶粒较多，再结晶的产生会消耗晶粒内部的能量，同时新产生的再结晶晶粒内部没有缺陷，所以在相同变形量下较高温度轧制变形能更有效地减少残余应变的产生。

温度越低晶粒的变形抗力越大，相同变形量下较高温度的晶粒更容易发生变形，这也就意味着高温轧制时需要的轧制力较低温轧制时的轧制力小。腹板由于变形量大，高温轧制时整体变形效果好，晶粒整体变形均匀，产生的再结晶晶粒多于低温轧制下产生的再结晶晶粒数量，因此高温轧制后腹板部位残余应变较低温轧制残余应变小。

R 角部位由于轧制时其变形复杂，其残余应变是由变形不均匀和温度不均匀共同影响产生的。较高开坯温度下轧后 H 型钢断面温度差较低温开坯下 H 型钢断面温度差较大，所以 R 角部位高温轧后残余应变更高于低温轧后残余应变。翼缘由于在开坯过程中变形量较小，翼缘在宽度方向上温差变化较大，因此其残余应变主要由温度不均匀引起。不同温度下 H 型钢轧后翼缘温度差幅度相差不大，所以轧后其残余应变相差不多。

温度对 H 型钢开坯后整体残余应变有很大的影响，较高开坯温度能减少残余应变的产生。

4.2.3 初始晶粒尺寸对残余应变的影响

坯料在受到很大的外力作用时宏观的表现为形状的改变，微观的表现为晶粒形状发生变化。晶粒在发生形状改变时首先是晶粒内部产生位错和滑移等现象，位错通过不断的移动改变了晶粒的形状。当这些移动的位错移动到晶粒的晶界时，晶界会阻碍其移动。单位体积中当晶粒尺寸越小，其内部晶粒数量越多，这样就有更多的晶界阻碍位错的运动，细晶强化就是用的这个原理。所以轧后产品晶粒越小，其强韧性越好。坯料的晶粒尺寸直接影响轧后产品晶粒尺寸，所以对晶粒变形过程的研究十分必要。对模拟条件四进行有限元模拟，其断面追踪点轧后残余应变如图 4-7 所示。

由图 4-7 可以看出，H 型钢在轧制变形时整体残余应变不断上升，腹板残余应变最大，其中腹板 $P1$ 点在第三道次变形过程中残余应变上升最快。

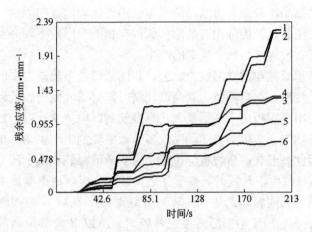

图 4-7 150μm 晶粒尺寸追踪点轧后残余应变变化图（条件四）

金属材料轧制形变时，首先在材料受力表面发生弹性变形，当变形力逐渐增大超过屈服强度时，受力面表层的金属会先发生塑性变形，表层变形后内部晶粒才逐渐发生变形。距离轧件轧制表面越远的晶粒受到的轧制力越小，变形量越小。晶粒尺寸大的坯料强度、硬度低，所以在相同的轧制速度和变形量下，较大晶粒尺寸的坯料更容易发生变形。具有较小尺寸晶粒的坯料，晶粒强度高，在受到轧制变形时晶粒间作用力大，这样在坯料的内部晶粒受到的变形力大，内部的晶粒变形量较表层晶粒变形量相对较小，材料整体变形相对均匀。

H型钢坯料在开坯过程中前三道次变形量很大，具有较大尺寸晶粒的坯料在前三道次变形时，由于坯料强度较小，所以在前三道次轧制变形时变形量主要集中在轧制表面，坯料由于变形不均匀引起的残余应变不断增加。最后三道次轧制变形时，由于腹板厚度进一步减小，轧制表面产生加工硬化，在坯料腹板部位内部的组织开始发生变形。由变形不均匀引起的残余应变增大趋势逐渐平缓。随着轧制道次的增大，再结晶晶粒产生速率提高，而再结晶具有阻碍残余应变上升的能力，所以在后续轧制过程中腹板部位残余应变上升趋势减缓。但是变形产生的残余应变增大速度高于再结晶对残余应变的降低作用，残余应变继续增大。

　　表 4 - 4 为模拟条件一和模拟条件四追踪点轧后残余应变值。由表 4 - 4 可以看出，模拟条件四腹板 P1、P2 点残余应变小于模拟条件一腹板 P1、P2 点残余应变，而模拟条件四 P3、P4、P5 点残余应变大于模拟条件一 P3、P4、P5 点残余应变。

表 4 - 4　追踪点轧后残余应变值

| 初始晶粒尺寸/μm | 轧后残余应变值/mm·mm^{-1} | | | | | |
	P1	P2	P3	P4	P5	P6
100	2.32	2.66	1.28	1.16	0.76	0.64
150	2.27	2.23	1.35	1.32	1.00	0.71

　　由图 4 - 7 和图 4 - 4 明显可以看出：在前三道次模拟条件四 P1、P2 点残余应变高于模拟条件一 P1、P2 点残余应变。而在后续轧制时模拟条件三 P1、P2 点残余应变逐渐小于模拟条件一 P1、P2 点残余应变。

　　在开坯前三道次时，由于模拟条件四的坯料晶粒尺寸比模拟条件一坯料晶粒尺寸大，在相同压下量和轧制速度时，较大晶粒尺寸的坯料强度低，抵抗变形能力差容易发生形变，因此具有较大尺寸晶粒的坯料变形发生在轧制表面。而较小晶粒尺寸由于晶界多，强化效果好，其强度高较难发生形变，所以较小尺寸晶粒的坯料腹板内部晶粒变形效果好。有较大尺寸晶粒坯料腹板部位由于变形不均匀程度较具有较小晶粒尺寸的坯料大，具有较大晶粒尺寸的坯料轧后由不均匀变形引起的残余应变高。

　　最后三道次轧制时，模拟条件四的坯料由于晶粒尺寸大、强度低，随着变形量增大，腹板内部晶粒也发生了很大的变形。腹板部位晶粒变形逐渐趋于均匀，所以在后续轧制时腹板部位整体变形不均匀引起的残余应变变化速率减小。而模拟条件一腹板部位在最后三道次轧制时，其内部变形量较整体变形量反而较小，由于变形不均匀引起的残余应变上升速率反而增大。

　　开坯过程中轧辊对腹板的压下量要大于对翼缘的压下量，翼缘变形量很小，较大尺寸晶粒的坯料由于组织软，当受到轧制力后先在翼缘轧制表面发生了变形，而翼缘部位内部晶粒变形量很小，因此翼缘部位不均匀变形量大，由变形不均匀引起的残余应变变化量相对较大。而具有较小尺寸晶粒的坯料翼缘部位相对变形量较为均匀，由变形不均匀引起的残余应变变化量相对较小。

增大坯料晶粒尺寸可有效地控制腹板部位残余应变的产生，但是翼缘部位残余应变相对增大。

4.3 H型钢万能轧制过程残余应力分析[86]

4.3.1 万能轧制过程模型的建立

H型钢在开坯轧制结束后进入万能轧机组进行轧制。万能轧制共有七组，形成连轧形式，每组万能轧制序列是由两架万能轧机和一架轧边机构成。万能轧机组采用X-X工艺，即两架具有X孔型万能轧机和一架轧边机组成的中轧机组，坯料经过中轧机组后进入万能精轧机轧制一道次即可轧制出成品。其中两架万能轧机的X孔型是不相同的。X-X轧制法轧制H型钢示意图如图1-4所示。

图4-8为H型钢万能轧制过程连轧模型。万能轧制模型坯料是使用开坯有限元模拟轧制结束后坯料。精轧过程中H型钢变形主要是由万能轧机轧制变形产生的。万能轧机是由一对具有传动能力的水平辊和一对依靠摩擦旋转的立辊组成：水平辊对腹板进行轧制变形；立辊对翼缘进行轧制变形。

精轧过程中温度设定以及摩擦设定同开坯过程相同。由于立辊依

图4-8 H型钢万能轧制过程连轧模型

靠摩擦转动，因此其在模拟中运动类型应选取扭矩传动，扭矩设定为
0.001N·m。H 型钢万能轧制过程是将开坯轧后产品进行进一步加工，
万能轧制时坯料通过带有两种不同孔型的万能轧机，腹板厚度进一步
减小，立辊对翼缘的压下作用使 H 型钢进一步宽展。万能轧制如果没
有得到很好的控制，会产生腹板游动、轧辊圆角粘钢等缺陷。因此，
对万能轧制规程需要严格地设定。H 型钢连轧过程轧制规程见表 4-5。

表 4-5　H 型钢连轧过程轧制规程

道　次	孔　型	辊缝/mm		速度/m·s^{-1}
		水平辊	立　辊	
1	U1	35.3	71.4	2.50
	E	45.3		2.52
2	U2	31.8	65.3	2.71
3	U2	28.0	56.4	4.50
	E	38.0		4.57
4	U1	24.6	48.8	5.08
5	U1	21.6	42.2	5.00
	E	31.6		5.09
6	U2	19.0	36.6	5.71
7	U2	16.7	31.6	5.00
	E	26.7		5.10
8	U1	14.8	27.3	5.69
9	U1	13.1	23.7	5.00
	E	23.1		5.10
10	U2	11.7	20.7	5.64
11	U2	10.4	18.1	6.00
	E	20.4		6.09
12	U1	9.6	15.9	6.67
13	U1	9.0	14.5	7.50
	E	19.0		7.65
14	UF	8.7	13.7	7.86

4.3.2 万能轧制过程残余应力分析

H型钢异型坯腹板厚度小，翼缘厚度大，在开坯过程中腹板的变形量大，腹板和翼缘间的厚度差进一步增加。为了能轧出规格尺寸的产品，坯料在万能轧制时轧机对翼缘要增大压下量，其压下量大于腹板的压下量，所以H型钢万能轧制过程较开坯过程H型钢整体变化规律有很大的差别。

4.3.2.1 H型钢金属流动性

由于H型钢形状的特殊性，不同时间内不同部位形状变化也不相同。坯料开始进入万能轧机时，腹板首先与水平辊接触，坯料被咬入后翼缘才与立辊进行接触发生变形。图4-9为H型钢坯料在万能轧制区某一时刻变形部位速度场分布。

由图4-9可以看出，H型钢坯料整体速度沿着轧制方向，但是在变形部位中R角部位速度混乱。万能轧制时H型钢坯料同时受到水平辊和立辊变形，水平辊对腹板进行压下，腹板的厚度减小，宽度应变大。但是两边的立辊对翼缘进行压下，压下方向与腹板宽展方向相反，立辊限制了腹板的宽展，所以出现了腹板中心部位金属向两边流动，靠近翼缘部位的腹板金属向腹板中心方向流动。在腹板中心部位产生了拉应力，靠近翼缘部位的腹板产生了压应力。在这种混合压

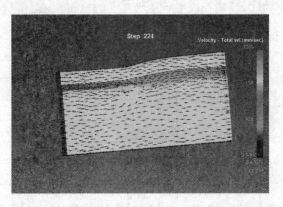

图4-9 H型钢坯料在万能轧制区某一时刻变形部位速度场分布

力的作用下腹板变形不同部位金属流动不相同，这样就加剧了残余应力值的增大。

翼缘在万能轧机中受到立辊的压下发生形状的改变，翼缘厚度减小，翼缘长度沿着轧制方向增加。另一方面，由于翼缘边部为自由端，由于没有轧辊的限制，因此翼缘部位金属沿翼缘宽度方向增加，为了控制翼缘宽度需要在万能轧机后加一轧边机控制其宽度，才能达到轧后需要的规格尺寸。翼缘的内侧金属受到水平辊的挤压，翼缘外侧受到立辊的挤压，内侧为主动辊，外侧为从动辊。所以在翼缘厚度方向上翼缘内外侧变形量大，中心部位变形量小，内侧的金属向 Y 正半轴运动，外侧金属向 Y 负半轴运动。同时，内侧金属由于受到水平辊的挤压，会产生一个平行于轧制方向的摩擦力，翼缘受到轧制变形时长度会发生变化，翼缘内侧金属由于受到摩擦力的作用必然会促使表层金属沿着轧制方向伸长量增大。所以，翼缘在轧制变形时表层金属流动量较大，内外侧金属流动方向有所差异。这样由于变形位相不同导致翼缘整体残余应力在万能轧制过程中不断增大。

R 角部位由于处在腹板和翼缘链接部位，同时受到腹板和翼缘轧制压下的影响，在靠近腹板部位受到压应力、靠近翼缘部位受到拉应力。因此 R 角部位金属流动混乱，其轧制变形不均匀量大，轧后残余应力高。

开坯过程中轧机对 H 型钢坯料腹板进行了较大的压下，因此腹板延伸量大于翼缘，且轧件端部为自由端，其延伸量大于整体伸长率，所以开坯结束后形成"舌头"缺陷，如图 4-10 所示。

在开坯结束后 H 型钢进入万能轧制阶段，由于在开坯阶段腹板变形量大、位相大。而在 H 型钢在万能轧制时，水平辊与轧件腹板与翼缘内侧之间的摩擦力带动轧件运动，而轧件翼缘外侧与立辊间的摩擦再带动立辊运动，所以 H 型钢腹板部位承受较大摩擦力作用，因此表层金属较内部金属在轧制方向上位移量大，腹板部位移动位相大于翼缘部位。而翼缘部位由于在万能轧制时压下量较大，越靠近翼缘边部的金属越容易流动，靠近 R 角部位的翼缘厚度大、变形不规则，所以翼缘边部追踪点在轧制方向上位相最大、靠近翼缘中心部位的位相小。

图4-10 H型钢端部舌头缺陷

这样原先在同一截面上的金属在轧后处于不同的平面，这样必然会在轧制过程中产生残余应力。图4-11为H型钢追踪点轧后残余应力分布情况。

由图4-11可以看出，原先处于同一断面的追踪点在万能轧制时位置发生了变化。在轧制方向上腹板部位 $P1$、$P2$ 点在其他追踪点前方，翼缘部位 $P4$、$P5$、$P6$ 也不处于同一断面，$P4$ 点靠前、$P5$ 点居

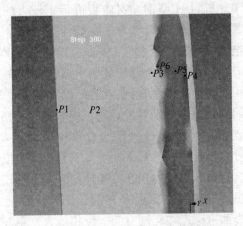

图4-11 H型钢追踪点轧后残余应力分布

中、P6 点最靠后。R 角部位 P3 距离 P6 点最近，较靠近于 P6 点。

由于不同部位金属流动性不同，在不同部内部组织变化也不相同，变形量及变形形状也不同，这样就导致 H 型钢断面残余应力增大。

4.3.2.2 H 型钢断面轧制压力分布

由于万能轧制采用的是"X－X"轧制方法，万能轧机具有两种"X"孔型，在轧制变形时不同孔型下不同部位受到的轧制力是不相同的。因此，对 H 型钢万能轧制过程中不同轧制道次下坯料受到的等效应力进行有限元模拟分析。选取具有代表性的轧制道次等效应力分布图，如图 4－12 所示。

图 4－12 为 H 型钢在万能轧制时不同轧制道次下的等效应力分布图。其中图 4－12（a）为第一道次后 H 型钢断面等效应力分布云图；图 4－12（b）为第四道次后 H 型钢断面等效应力分布云图；图 4－12（c）为第七道次后 H 型钢断面等效应力分布云图；图 4－12（d）为第十道次后 H 型钢断面等效应力分布云图；图 4－12（e）为第十三道次后 H 型钢断面等效应力分布云图；图 4－12（f）为第十四道次后 H 型钢断面等效应力分布云图。

由图 4－12（a）可以看出，H 型钢在第一次进入万能轧机时 R 角部位和翼缘宽度二分之一部位等效应力最大。图 4－12（b）中第四道次轧制时腹板部位以及 R 角部位和翼缘边部等效应力最大，腹板部位越靠近 R 角部位，等效应力越大。图 4－12（c）中第七道次轧制时腹板部位和翼缘轧制面等效应力最大。图 4－12（d）中第十道次轧制时 R 角以及翼缘边部等效应力最大。图 4－12（e）中第十三道次轧制时 R 角以及初翼缘除边部部位等效应力最大。其中越靠近翼缘宽度中心部位，等效应力越大。图 4－13（f）为 H 型钢最后精轧变形等效应力。H 型钢在轧制过程中整体等效应力不断上升。

由图 4－12（a）H 型钢坯料在开坯结束后进入万能轧制区的第一道次，H 型钢坯料在进入万能轧机时翼缘受到立辊的轧制发生变形，由于万能轧机水平辊与立辊之间有一倾角，孔型类似于"X"形状。H 型钢在轧制变形时会在翼缘二分之一部位形成应力集中，且立

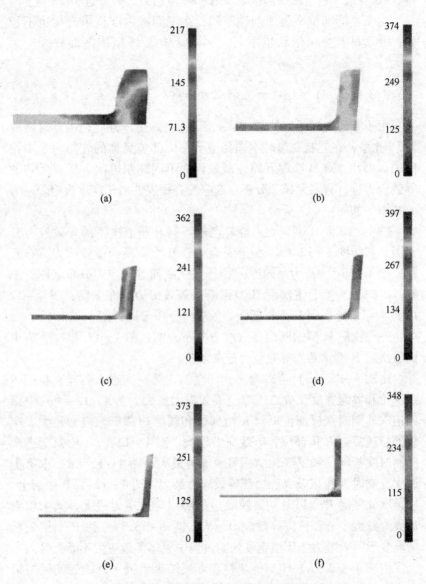

图 4 - 12 H 型钢轧制道次等效应力分布图
（a）第一道次；（b）第四道次；（c）第七道次；
（d）第十道次；（e）第十三道次；（f）第十四道次

辊形状为两头直径小、中间大，在翼缘中心部位会有较大的变形。开坯过程结束后 H 型钢在 R 角部位有一很大的圆角，万能轧机水平辊轧制 R 角部位的圆角较小，所以在 R 角部位产生一很大的等效应力。万能轧制第一道次主要是对 H 型钢坯料形状进行调整，其压下量较小，所以整体没有受到很大的应力作用。

图 4-12 (b) H 型钢为第四道次轧制时等效应力变化。万能轧制前几道次其压下量大，腹板由于在开坯过程中变形量大，所以其加工硬化量大，在万能轧制时需要更大的轧制力才能发生变形，所以在腹板部位应力大。R 角处于腹板和翼缘连接部位，同时受到水平辊和立辊的轧制力，所以在 R 角部位应力变化复杂，腹板靠近 R 角部位应力大。万能轧制的第三道次轧制时使用的是 U2 孔型，第四道次为 U1 孔型。由于立辊倾角不同，所以在翼缘边部与立辊接触部位应变大。

图 4-12 (c) 为万能轧制第七道次轧制时 H 型钢断面等效应力分布。可以观察到腹板部位和翼缘与立辊轧制面侧等效应力最大。万能轧制第六道次与第七道次均为 U2 孔型，第六道次轧制时其等效应力与图 4-12 (b) 相似，均为换孔型后轧制变形。由于在第六道次变形影响下，第七道次没有孔型的变化，H 型钢腹板和翼缘仅在厚度上发生变化，几何形状没有发生变化。腹板由于厚度小，变形进一步加大所以其等效应力大；翼缘由于厚度大，在快速的变形下在与立辊接触部位先产生较大变形，所以在翼缘外侧等效应力大。

图 4-12 (d) 为万能轧制第十道次轧制变形 H 型钢断面等效应力分布云图，其变形情况同第四道次万能轧制情况相似。比较图 4-12 (b) 和图 4-12 (d) 可以看出，其翼缘部位均有很大的等效应力，但是图 4-12 (d) 腹板部位等效应力小于第四道次轧制时腹板部位的等效应力。由于腹板在开坯轧制时其厚度变化量已很大，在万能轧制时厚度进一步发生变化，因此在后续的轧制道次进行轧制时其厚度变化量很小。由于压下量小，因此腹板等效应力有所减小。

图 4-12 (e) 为万能轧制第十三道次轧制变形 H 型钢断面等效应力分布云图。其变形情况同第七道次万能轧制情况相似。比较图

4-12 (c) 和图 4-12 (e), 第七道次和第十三道次翼缘均有很大的等效应力, 当坯料轧制到十三道次时翼缘的厚度已经十分接近终轧厚度, 立辊对其轧制压下翼缘厚度发生变化, 翼缘整体发生形状的变化。翼缘边部由于属于自由端, 受到的轧制变形力较小, 所以其等效应力较小。

图 4-12 (f) 为最后道次轧制时 H 型钢断面等效应力分布。由于第十四道次为精轧, 其水平辊与立辊间形成一类似于 "H" 形状的孔型, 因此精轧主要对万能轧制后具有倾角的翼缘进行形状的改变。同时精轧是对 H 型钢整体尺寸的控制, 使得产品尺寸达到规格标准。翼缘边部到翼缘中心应力分布如图 4-13 所示。

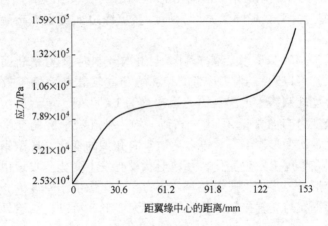

图 4-13 翼缘边部到翼缘中心应力分布

图 4-13 为二分之一翼缘部位应力分布, 其翼缘边部应力最大, 中心部位最小, 在宽度四分之一部位应力均匀分布。坯料受到应力不同其变形量也不相同, 所以翼缘边部变形量大, 翼缘越靠近 R 角部位变形量越小。

由上述轧制过程可以清楚地看出: 在不同的轧制道次下 H 型钢断面不同部位受到的轧制力不同, 这也就意味着不同轧制道次下 H 型钢断面发生形变的部位不同, 不同部位变形量也不相同, 这样势必增大变形不均匀引起的残余应力。

4.4 金相观测结果及分析[87]

取某厂具有残余应力试样和该厂生产良好的产品试样各一组，分别于腹板、翼缘和 R 角部位使用线切割机设备切取试样。试样化学成分见表 4-6。

表 4-6 实验样品的化学成分 （%）

元素	C	Si	Mn	P	S
含量	0.190	0.220	0.570	0.032	0.021

设正常产品腹板、翼缘和 R 角试样为 A1、A2、A3，具有残余应力的腹板、翼缘和 R 角试样为 B1、B2、B3。使用河北联合大学金相显微镜进行金相观察。其 200 倍金相试样照片如图 4-14 所示。

由图 4-14 可以看出，腹板部位晶粒最为细小，翼缘晶粒尺寸最大，R 角部位晶粒尺寸不均匀。从图 4-14（a）中可以看到腹板部位铁素体和珠光体均匀分散，晶粒尺寸均匀。从图 4-14（b）能看到存有残余应力的试样腹板部位铁素体、珠光体分散均匀，局部出现较为细小的铁素体和珠光体晶粒，铁素体和珠光体有逐层分布的趋势，大多数珠光体成条状多边形，图 4-14（b）左半部分和右半部分晶粒尺寸相差很大。图 4-14（c）和图 4-14（d）分别为无残余应力试样翼缘部位和具有残余应力试样翼缘部位金相组织照片。在图中可以观察到两图晶粒尺寸较腹板大，两图中铁素体、珠光体分布均匀，晶粒尺寸没有较大的差距。所以具有残余应力试样的翼缘部位存在较小的残余应力。

图 4-14（e）和图 4-14（f）分别为无残余应力试样 R 角部位和具有残余应力试样 R 角部位金相组织照片。由两图看出 R 角部位铁素体和珠光体分布不均匀，且晶粒尺寸相差较大。在个别区域出现了局部较大晶粒的铁素体组织。R 角部位在轧制整个过程中厚度最大，内部存储的热量最高，在冷却时冷却效果较腹板和翼缘较差，所以在局部会长时间存在较多的热量，这样使得 R 角部位产生的再结晶晶粒有更长时间的长大时间，容易形成较大尺寸的晶粒。

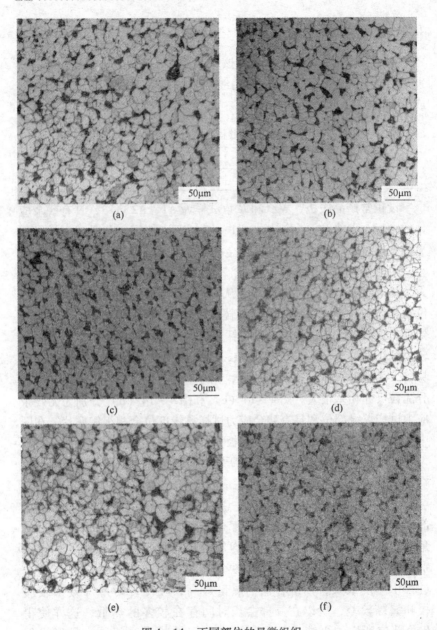

图4-14 不同部位的显微组织

(a) A1 试样；(b) B1 试样；(c) A2 试样；(d) B2 试样；(e) A3 试样；(f) B3 试样

5 H型钢轧制工艺参数对其组织性能的影响

H型钢以优良的力学性能和优越的实用性能在现代社会中迅速发展，其使用水平已经成为一个国家经济发达程度的重要标志。对金属的塑性加工过程而言，合理地控制变形程度、变形速度、变形温度等，都可以大大提高金属的力学性能。在生产过程中，由于冷却水、氧化铁皮及其断面形状的特殊性，使得H型钢的轧制过程非常复杂。所以，如何获得产品优良的力学性能是一个重要的问题。

本章使用有限元 DEFORM – 3D 软件对 H 型钢的热连轧过程，基于热 – 力耦合弹塑性变形模拟 H 型钢的变形过程，研究在不同轧制速度、不同压下量情况下，对 H 型钢轧制过程中再结晶的影响。在钢材的热轧过程中发生着金属变形、传热、物理冶金变化现象等，它们之间相互影响、相互作用，这就需要考虑不同工艺参数对热轧过程的影响，为更加合理地制定轧制规程和提高产品质量提供依据。

5.1 有限元模型的建立

建立 H 型钢热轧过程的有限元模型时，要注意一些实际的问题。由于 H 型钢断面的特殊性，轧制过程中金属的流动情况相对复杂。腹板主要受到一对水平辊的作用从而产生塑性变形，翼缘则是受到立辊和水平辊辊环侧面的作用产生变形。金属的流动与轧辊的速度有关，万能轧机中水平辊为主动辊、立辊为从动辊，如何建立立辊的模型对翼缘的变形至关重要。温度在热轧过程中也是非常重要的工艺参数，它会对产品的力学性能产生很大影响。此外，万能轧机的孔型、轧制速度、摩擦边界条件等都要符合工艺要求的设定。

5.1.1 有限元几何模型的建立

金属的热塑性成型过程除了会发生应变与应力的变化，还伴随着复杂的微观组织演变，即动态再结晶、静态再结晶和晶粒长大等。为了更接近现实，以津西钢铁公司成品尺寸为 200mm × 200mm × 12mm × 8mm 的 H 型钢的轧制过程为参考，建立 H 型钢生产的连轧模型。实体模型由 Pro/ENGINEER Wildfire4.0 软件建立，坯料尺寸是 BD 机开坯后的断面尺寸为 294mm × 218mm × 59mm × 32mm 的模型。为方便计算，建立模型时取其长度为 1000mm，横截面取其产品的 1/4，平辊直径取 1000mm，立辊直径取 800mm。轧制工艺是热连轧过程。根据现场情况，图 5 - 1 即是在 Pro/ENGINEER Wildfire4.0 中建立的实体模型。孔型按表 5 - 1 规程设定，其中第五道次和第八道次为轧边辊。

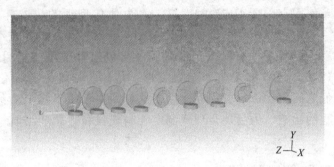

图 5 - 1 H 型钢连轧模型

5.1.2 运动边界条件设置

将建立好的模型导入 DEFORM - 3D 的前处理软件后，需要对其进行一系列参数设置。万能轧机的水平辊为主动辊需要设定速度，设置的各道次轧制速度见表 5 - 2；立辊为从动辊不需要设定速度，靠翼缘外侧与立辊之间的摩擦力使其转动，在软件中需要设置一个非常小的扭矩值（Torque），本书设为 0.001。由于在 DEFORM - 3D 软件中，塑性体的轧件是不能设置运动速度的，因此在模型建立时做了一个刚性的小推板，就是为了在进入轧制区前给轧件一个初始速度，这个速度设置为 400mm/s，速度方向设定为 $-Z$。另外要把算法由默认的共轭梯度法（conjugate – gradient）改为稀疏矩阵法（sparse）。

表 5 – 1 轧制规程

道　次		辊缝值/mm
1	平	25.20
	立	46.40
2	平	19.90
	立	35.70
3	平	15.80
	立	27.40
4	平	12.50
	立	21.10
5	平	12.5
6	平	9.90
	立	16.20
7	平	8.50
	立	13.20
8	平	8.5
9	平	8.00
	立	12.00

表 5 – 2 各道次辊速

道　次	1	2	3	4	5	6	7	8	9
辊速/mm·s⁻¹	635	720	920	1190	1250	1620	1960	2000	2200

5.1.3　摩擦边界条件设置

在 DEFORM – 3D 软件中，摩擦边界条件主要是剪切摩擦、库仑摩擦、Hybrid 摩擦这三种形式。其中，剪切摩擦是模拟体积成型时最常用的摩擦模型，本章程即采用剪切摩擦模型。

参考热轧数值模拟的摩擦系数经验值一般取 $\mu_s = 0.35 \sim 0.7$。经实际模拟运算验证摩擦系数取 $\mu_s = 0.45$ 比较合适，所以摩擦系数取0.45。采用剪切摩擦系数并且假定在整个轧制过程中大小保持不变。

5.1.4 热边界条件设置

设置模型的热边界条件时，必须符合现场的实际情况。在模拟中需要设置的传热参数有轧制过程中的对流换热系数（h）、轧件材质的导热系数（λ）、轧件辐射率（ε）。坯料初始温度设为1050℃，材料选用Q235。在DEFORM-3D软件库没有与之对应的材料，需要自己进行设置材料参数。查看有关金属手册，设置材料的各项性能参数，见表5-3。

表5-3 Q235的力学性能参数

牌号	上屈服强度 R_{eH}/N·mm^{-2}				冲击试验		断后伸长率 A/%		
	厚度/mm				温度/℃	冲击吸收功/J	厚度/mm		
	≤16	16~40	40~60	60~100			≤40	40~60	60~100
Q235	235	225	215	215	20	27	26	25	24

表5-4给出了对流换热系数的典型值，本章选择 20W/（m²·℃），折合DEFORM-3D中的单位是0.02N/（mm·s·℃）。

表5-4 对流换热系数的典型值

条件	对流换热系数/W·（m²·℃）$^{-1}$
空气自由对流	5~20
空气或过热蒸汽强制对流	20~300
油强制对流	50~1700
水强制对流	300~12000
水沸腾	3000~55000
蒸汽凝结	5500~100000

关于轧件材质的辐射率，采用DEFORM自带数据库中提供的数据，取 $\varepsilon = 0.7$。

在金属的轧制过程中，金属与环境最主要的热交换还是发生在轧件与轧辊的接触面上。界面上的热交换是物与物的接触传热的，非接触物体之间的传热是通过辐射实现的，所以金属在轧制过程中应该受到辐射、热传导、对流三种机理的影响。在实际生产中金属的热交换过程更为复杂，用软件模拟金属的热轧过程中，轧件与轧辊之间的接触热传导还是用接触热传导系数简化处理，本章取热传导系数为 $5kW/（m^2 \cdot ℃）$。

5.1.5 再结晶模型设置

在金属的热成型过程中，因为变形与温度的同时作用，不仅是金属的形状发生变化，金属的微观组织也发生了明显的变化，这些微观组织的变化又会对金属的宏观力学性能产生影响。微观组织的变化包括再结晶、加工硬化、动态恢复、晶粒长大等，与轧制过程中的温度、应力、应变等密切相关。因此微观组织研究的主要内容是金属热轧过程中工艺参数与轧件的微观组织演变之间的关系及如何建立两者之间的本构关系。

再结晶可以分为动态再结晶和静态再结晶。动态再结晶是在金属的变形过程中发生的，在流动应力还没达到峰值时，动态再结晶发生时的临界应变与其对应的最大流动应力的应变之间差值相对较小。如果发生再结晶，将会形成没有预应变的晶粒。对于不同金属，微观组织模型存在差异，下面是描述 C – Mn 钢演变的 Yada 模型[88]，其动态再结晶机理的关系式为：

$$\varepsilon_{c} = 4.76 \times 10^{-4} \exp\left(\frac{8000}{T}\right) \qquad (5-1)$$

$$d_{dyn} = 22600 Z^{-0.27} \qquad (5-2)$$

$$Z = \dot{\varepsilon} \exp\left(\frac{Q}{RT}\right) \qquad (5-3)$$

$$Q = 267.1 kJ/mol \qquad (5-4)$$

$$X_{dyn} = 1 - \exp\left[-0.693\left(\frac{\varepsilon - \varepsilon_{c}}{\varepsilon_{0.5}}\right)^2\right] \qquad (5-5)$$

$$\varepsilon_{0.5} = 1.144 \times 10^{-3} d_0^{0.28} \dot{\varepsilon}^{0.05} \exp\left(\frac{6320}{T}\right) \qquad (5-6)$$

式中 ε_c——动态再结晶开始时的临界应变；

T——绝对温度；

Z——Zenor – hollomon 参数；

d_{dyn}——独立于原始晶粒大小的动态再结晶晶粒大小，只有 Z 参数决定；

Q——从实验中得到的活动能量；

R——气体常数；

X_{dyn}——动态再结晶的体积百分比；

$\varepsilon_{0.5}$——再结晶过程达到 50% 时的应变。

将热变形的金属放于高温状态，经过一段时间后就会发生静态再结晶。理论上，当变形后的金属经过回火处理后才会发生静态再结晶，但最初动态再结晶和静态再结晶没有什么实际上的不同。仅有的不同可能就是获取能量的方式：动态再结晶与变形产生的能量有关，静态再结晶则与前一阶段发生的回火温度、变形程度等因素有关。C – Mn 钢在卸载状态下发生的静态再结晶微观组织演变为：

$$X = 1 - \exp\left[-0.693\left(\frac{t}{t_{0.5}}\right)^2\right] \tag{5-7}$$

$$t_{0.5} = 2.2 \times 10^{-12} S_V^{-0.5} \dot{\varepsilon}^{-0.2} \varepsilon^{-2} \exp\left(\frac{30000}{T}\right) \tag{5-8}$$

$$d_{rex} = 5 \ (S_V \varepsilon)^{-0.6} \tag{5-9}$$

$$S_V = \frac{24}{\pi d_0} \left[0.491\exp\ (\varepsilon)\ + 0.155\exp\ (-\varepsilon)\ + 0.1433\exp\ (-3\varepsilon)\right] \tag{5-10}$$

式中 X——静态再结晶体积百分比；

$t_{0.5}$——发生 50% 静态再结晶所需要的时间；

S_V——单位体积的晶界面积；

d_{rex}——静态再结晶晶粒大小。

再结晶完成后金属的新组织仍处于亚稳定的状态，为了能够得到稳定组织，需要将晶粒内部的潜能释放。所以，再结晶完成后，通过晶粒长大的方式来减少单位体积内的晶界面积。

$$d^2 = d_{rex}^2 + At\exp\left(\frac{-Q_{gg}}{RT}\right) \tag{5-11}$$

$$A = 1.44 \times 10^{12} \qquad (5-12)$$

$$\frac{Q_{gg}}{R} = 32100 \qquad (5-13)$$

式中　d——长大后的晶粒尺寸；

　　　Q_{gg}——晶粒长大激活能；

　　　R——气体常数。

在 Yanagimoto 等[89~91]的组织变化增量模型中，还引入了位错密度的变化。将此模型与能够给出应变率、应变及温度计算结果的变形和传热有限元模型相结合，就可以通过基于位错密度变化的流动应力模型同步考虑组织变化对金属流动和变形载荷的影响。

在 DEFORM-3D 前处理中，通过以上述关系式对再结晶的一些理论关系式进行设置。

5.2　模拟结果分析

用 DEFORM-3D 软件将变形程度、变形速度、温度和组织演变耦合起来，所采用的轧制规程与现场采集的相同。提取断面平均晶粒尺寸、动态再结晶体积分数和静态再结晶体积分数等结果进行分析[92]。

5.2.1　变形程度不同时的模拟结果

DEFORM-3D 软件模拟再结晶时，可以在图像中比较清晰、直观地看出平均晶粒的大小、再结晶体积分数等。在 H 型钢生产过程中轧件的变形是不均匀的，这种情况会影响到轧件在轧制过程中的动态再结晶。由于生产中第一道次和第二道次孔型不同，为了能更直观地看到这种影响，取模拟过程中第一道次和第二道次的横断面平均晶粒尺寸的图像进行分析。设定第一道次相对压下量为 21.25%，第二道次相对压下量为 21.03%。H 型钢轧制过程中横断面平均晶粒尺寸分布如图 5-2 所示。万能轧制孔型如图 5-3 所示。

由图 5-3 可以看出，在轧制过程中，轧件的变形是不均匀的，经过开坯机后的坯料断面形状为 X 形，精轧机组第一道次轧辊的孔型为 H 形，轧件在进入万能轧机的孔型之前，翼缘首先在立辊的作用

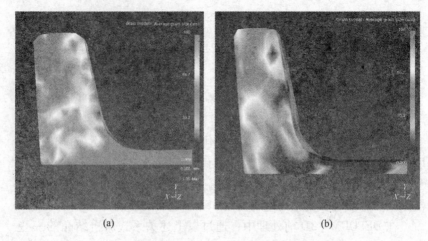

(a)   (b)

图 5 - 2   H 型钢轧制过程中横断面平均晶粒尺寸分布
(a) 第一道次；(b) 第二道次

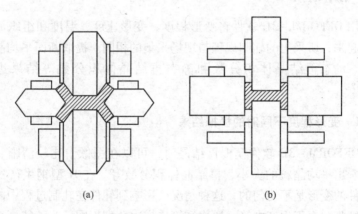

(a)   (b)

图 5 - 3   万能轧机孔型
(a) 万能轧机 X 孔型；(b) 万能轧机 H 孔型

下产生附加的弯曲变形，造成轧件的局部变形。轧机进入第二道次时，万能轧机的轧辊孔型为 X 形，轧件的断面形状为 H 形，翼缘与水平辊侧面的发生作用产生塑性弯曲变形。以上的结果加剧了 H 型钢断面各部分变形不均匀的程度。H 型钢断面变形的不均匀直接造成断面各部分的等效应变和等效应变产生了很大的差异，如图 5 - 4 所

示。图5-4(a)是等效应变,图5-4(b)是等效应变率,图中的线1是
H型钢翼缘上的一点,线2是H型钢腹板上一点。从图5-4中可以
看出,翼缘上的等效应变和等效应变率都要高于腹板。这些差异就导
致断面上有的发生了动态再结晶,有的则没有发生动态再结晶;在发
生动态再结晶的区域,因为等效应变和等效应变率的差异,动态再结
晶速率的不同,使获得的晶粒尺寸也不相同。所以,轧机的孔型或者
说H型钢的断面变形不均匀是造成断面晶粒尺寸不均匀的主要原因。

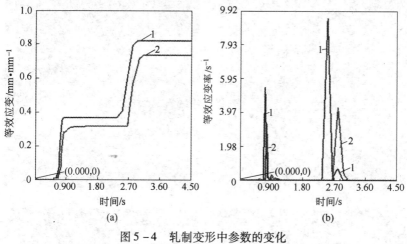

图5-4 轧制变形中参数的变化

(a)等效应变;(b)等效应变率

由于连轧机组各道次的压下率不大,最大的道次压下率为
21.25%,而且轧机的轧制速度较低,导致应变也比较小,这样的结
果造成H型钢只在局部发生动态再结晶,即只在轧件的轧制变形过
程中发生动态再结晶。在轧件处于道次间的部分会发生亚动态再结晶
和静态再结晶,使晶粒细化,晶粒尺寸较小。在没有达到动态再结晶
临界值的部分,金属在轧制变形过程不会发生动态再结晶,仅在道次
间发生静态再结晶,并且因为轧制速度低,变形速率也小,导致静态
再结晶速率也很小,再加上此时轧件温度较高,静态再结晶所引起的
晶粒细化与晶粒长大所引起的晶粒尺寸长大大致相等,甚至有些部分
的晶粒长大速率要高于静态再结晶速率,这就造成了这些部分的晶粒
尺寸略有增大。

第二道次到第六道次的相对压下量均在 20% 左右，此时翼缘的附加弯曲变形已经很小。在这些道次发生动态再结晶部分的再结晶速率比第一道次要小得多，并且道次间的亚动态再结晶速率和静态再结晶速率也相应减小；其他部分的静态再结晶速率也很小，这就导致再结晶速率变小。图 5-5 所示为轧件轧制过程中再结晶体积分数分布。由图 5-5 可以看出，轧件在第八九道次中的再结晶体积分数比较小。

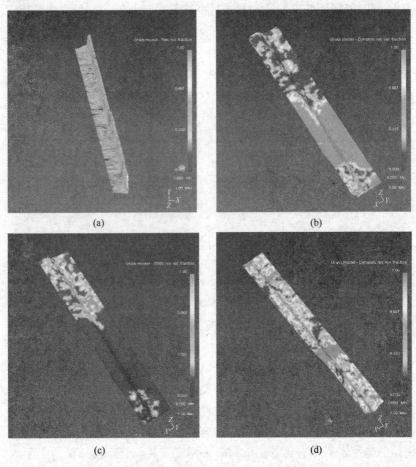

(a)　　　　　　　　　　　　(b)

(c)　　　　　　　　　　　　(d)

图 5-5　轧件轧制过程中再结晶体积分数分布
（a）第八九道次再结晶体积分数分布；（b）第一道次动态再结晶体积分数分布；
（c）第一道次静态再结晶体积分数分布；（d）第二道次动态再结晶体积分数分布

原因是由于第九道次孔型是 H 型,因此还是会有部分再结晶发生。

H 型钢轧制时,变形区部分发生动态再结晶,在机架之间发生亚动态再结晶和静态再结晶。第一道次的静态再结晶体积分数明显很小。从图 5-5 中可以看出,第二道次的动态再结晶体积分数比第一道次小,但是这时的晶粒尺寸也较第一道次小,这就是因为它还发生静态再结晶,使晶粒尺寸变小,晶粒细化。

在轧制板带时加大压下量可以细化晶粒。但生产 H 型钢有所不同,因为它除了受到平辊的作用还受到立辊作用。为了说明相对压下量不同会带来的影响,取两种情况的截面图进行分析。

图 5-6(a)为加大压下量后第一道次横断面平均晶粒尺寸分布,因为 H 型钢轧制过程中同时受到水平辊和立辊的作用,使得翼缘和腹板变形不均匀,造成其断面晶粒尺寸不均匀。可以看出,在翼缘和腹板交接处晶粒尺寸较小,晶粒细化显著。图 5-6(a)与图5-6(b)相比,H 型钢的翼缘和腹板晶粒尺寸均有所减小。而且由于图 5-6(a)中相对压下量较大,附加弯曲变形所造成的不均匀性被减弱,使圆角附近呈现较为均匀的连续变化。可见加大轧机的相对压下量不仅可以使金属的晶粒尺寸减小,而且在一定程度上可以使晶

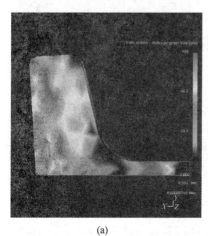 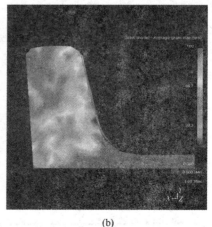

(a)   (b)

图 5-6 横断面平均晶粒尺寸分布
(a) 相对压下量为 27.5%;(b) 相对压下量为 21.25%

粒的变化更为均匀，最后也可以保证产品获得均匀的力学性能。

为了更直观地表现加大压下量后轧件晶粒的尺寸变化情况，取 H 型钢圆角处同一点作为观察点，在后处理中使用点追踪法，追踪该点在相对压下量为 27.5% 和 21.25% 不同情况下的晶粒尺寸变化和动态再结晶体积分数变化。图 5-7 和图 5-8 为不同相对压下量条件下追踪点的晶粒尺寸变化和动态再结晶体积分数变化。

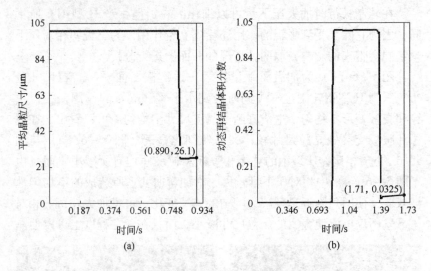

图 5-7　轧制变形中参数的变化（27.5%）
（a）平均晶粒尺寸；（b）动态再结晶体积分数

从图 5-7 与图 5-8 中可以看出，相对压下量为 27.5% 时，晶粒从 100μm 锐减至 26.1μm；而相对压下量是 21.25% 时，晶粒尺寸从 100μm 减至 57.5μm。图 5-7 所示追踪点的动态再结晶体积分数在峰值时持续时间也较长。由此可以看出，相对压下量增大后，晶粒尺寸细化显著。随着压下率的增加，可改善强度和韧性，微观组织明显细化，同时组织均匀性好。

通过以上分析可知：H 型钢在热轧过程中，变形程度的大小会对金属的再结晶晶粒尺寸产生影响。当相对压下量较小时，金属材料的晶粒尺寸变化也较小或者保持不变。这是由于变形量小，产生的畸变

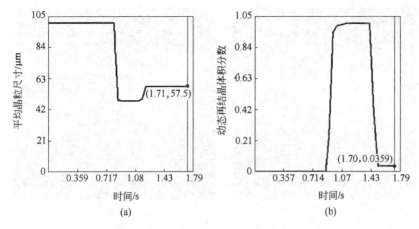

图 5 - 8 轧制变形中参数的变化 (21.25%)

(a) 平均晶粒尺寸；(b) 动态再结晶体积分数

能也小，不能使金属发生再结晶，因此晶粒尺寸也就不会发生很大变化。当增大相对压下量时，可以获得细小的晶粒尺寸。这是因为金属的变形程度增加，金属内部的储存能也增加，产生再结晶的驱动力也越大，使得再结晶后的晶粒尺寸变细。

5.2.2 轧制速度不同时的模拟结果

在金属的热连轧过程中，轧件除了受到轧辊压下量的作用，还受到轧机轧制速度的影响。所以，为了分析 H 型钢在轧制过程中不同的轧制速度对金属的微观组织变化的影响，要在相同压下量情况下，改变轧制速度，观察金属的再结晶变化。

用 DEFORM - 3D 软件模拟压下量相同，轧制速度不同时 H 型钢轧制过程中的微观组织变化。图 5 - 9 所示为轧制速度为 0.57m/s 的再结晶分布云图。图 5 - 10 所示为轧制速度为 1.14m/s 的再结晶分布云图。

通过对比图 5 - 9 和图 5 - 10 可以看出：在压下量相同，轧制速度不同的情况下，轧制速度高的平均晶粒尺寸降低较多，尤其是翼缘中晶粒细化明显，并且这里的动态再结晶体积分数也增大了。

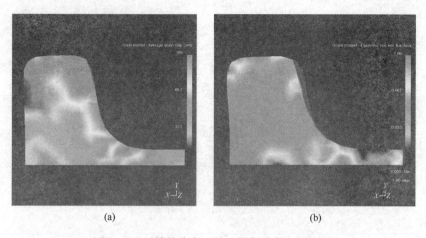

图 5 - 9 再结晶分布云图（轧制速度 0.57m/s）

（a）横截面平均晶粒尺寸分布；（b）横截面动态再结晶体积分数分布

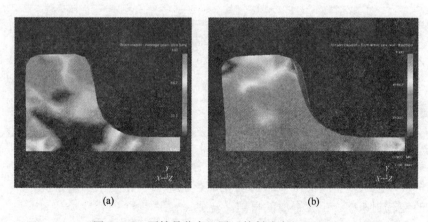

图 5 - 10 再结晶分布云图（轧制速度 1.14m/s）

（a）横截面平均晶粒尺寸分布；（b）横截面动态再结晶体积分数分布

同时可以看出，腹板的动态再结晶体积分数在增大，平均晶粒尺寸也有所减小。可见轧制速度还是会对轧件的晶粒尺寸产生影响。为了能更直观地看出这种影响，取轧件腹板上某一点的计算结果进行对比。

图 5 - 11 是 H 型钢在轧制速度为 0.57m/s 时，轧制过程中的参数变化图。从图中可以看到：轧制后的平均晶粒尺寸为 67.3μm；在 0.8s 时开始发生动态再结晶到 1.2s 时该点的动态再结晶分数达到 100%；1.43s 开始发生静态再结晶，并且静态再结晶体积分数达到 89.6%；等效应变的最大值为 0.293mm/mm，等效应力的最大值达到了 257MPa。

为了更清楚地比较，在原来的压下量基础上，使轧制速度增倍，模拟 H 型钢的轧制过程，如图 5 - 12 所示。轧制速度设为 1.14m/s，选择与图 5 - 11 中位置相同的点，追踪该点的各项参数。图 5 - 12 中显示轧件的平均晶粒尺寸由 100μm 变为了 31.9μm；发生动态再结晶的时间与图 5 - 11（b）相比明显要短，在不到 1.3s 时就开始发生静态再结晶；等效应变的最大值达到 0.315mm/mm；变形区的温度相比图 5 - 11（f）中显示的要低。

为了能更清楚地分析不同轧制速度下 H 型钢的再结晶变化，现将不同轧制速度下的各参数变化情况列于表 5 - 5。

表 5 - 5　轧制过程中各参数的变化

轧制速度 /m·s⁻¹	平均晶粒 尺寸/μm	发生动态 再结晶 的时间/s	静态再结晶 开始时间/s	静态再结晶 体积分数 峰值/%	等效应力 峰值/MPa	等效应变峰值
0.57	67.30	0.63	1.43	89.60	257	0.293
1.14	31.90	0.50	1.30	98.20	257	0.315

图 5 - 11 与图 5 - 12 所示最为明显的是平均晶粒尺寸的变化，当轧制速度是 0.57m/s 时图 5 - 11 中显示的平均晶粒尺寸为 67.3μm，图 5 - 12 中轧制速度变为 1.14m/s 时显示的平均晶粒尺寸为 31.9μm。因此可见，轧制速度的大小对晶粒的细化程度还是有一定影响的。轧制速度增大之后，动态再结晶时间减短，但是它的等效应变有所增大，变形温度也较低，所以使得晶粒尺寸减小。轧制速度的变化同样会引起塑性应变和温度的变化，从而导致组织演变情况不同，使晶粒的尺寸发生改变。

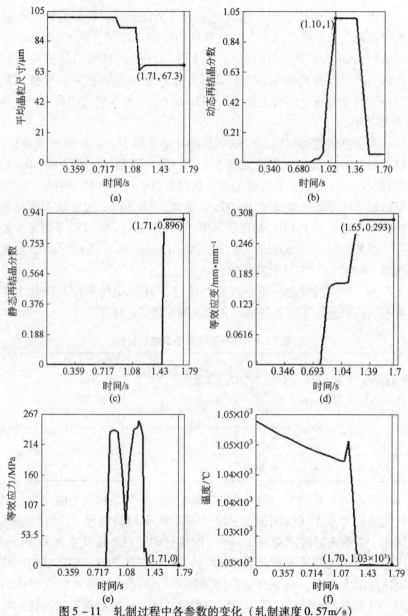

图 5 – 11 轧制过程中各参数的变化（轧制速度 0. 57m/s）

（a）平均晶粒尺寸变化；（b）动态再结晶分数变化；（c）静态再结晶分数变化；

（d）等效应变变化；（e）等效应力变化；（f）温度变化

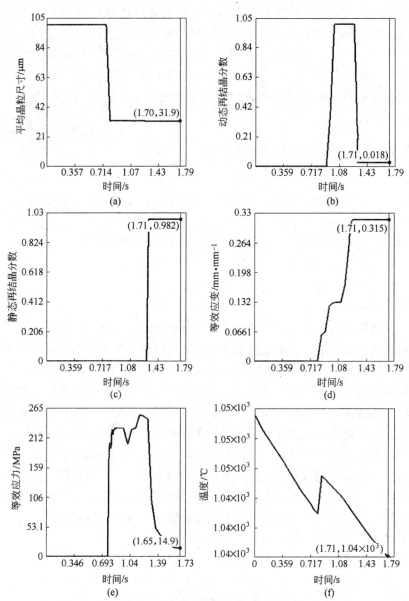

图 5 - 12 轧制过程中各参数的变化（轧制速度 1.14m/s）

（a）平均晶粒尺寸变化；（b）动态再结晶分数变化；（c）静态再结晶分数变化；

（d）等效应变变化；（e）等效应力变化；（f）温度变化

由此可见，在金属轧制过程中，轧制速度的改变会使轧件的温度、等效塑性应变和动态再结晶的时间等发生变化。在 H 型钢的热轧过程中，由于其截面的特殊性，轧制条件对轧件的变形温度和等效应变会有很大影响，从而对金属的微观组织演变产生较大的影响。轧制速度提高，使得 H 型钢的翼缘晶粒细化明显，腹板的晶粒细化的比例增大。

5.2.3 轧制过程中微观结构的模拟

$P1$、$P2$、$P3$ 是在 H 型钢上选的三个点，$P1$ 在腹板上、$P2$ 是翼缘上一点、$P3$ 位于腹板和翼缘交接处。运用 DEFORM – 3D 中 Microstructure 模块对上述三个点进行微观组织的模拟。图 5 – 13 为模拟轧制中的晶粒变化图。图 5 – 14 是图标显示的各种微观特性。

从图 5 – 13 中可以看出，$P1$ 相比 $P2$ 和 $P3$ 位错密度大，晶界多，晶粒也较小；同一点相比，变形中要比在道次间的位错密度大，晶界多，晶粒小。

金属热塑性变形过程中的主要物理冶金现象包括加工硬化、动态回复和动态再结晶。在轧制道次间的典型组织变化有静态回复、静态再结晶和晶粒长大。由此可见，在轧件的热轧过程中，金属材料的组织和性能受到硬化过程和软化过程的影响，而这个过程又受到变形温度、应变速率、变形程度以及金属本身性能的影响。当变形程度大而加热温度较低时，由变形引起的硬化过程占优势，随着加工过程的进行，金属的强度和硬度上升而塑性逐渐下降，金属内部的晶格畸变得不到回复即不能软化，受到的变形阻力越来越大，甚至导致金属的断裂。反之，如果金属变形程度较小而变形温度较高时，由于再结晶和晶粒长大占优势，金属的晶粒会越来越粗大，这个过程虽然不会引起金属的断裂，但会使金属的性能恶化[93,94]。

在金属的热塑性变化过程中，晶粒能否细化取决于变形量、轧制速度、热成形温度、终轧温度及轧后冷却等因素。增大变形量，有利于获得细小晶粒，但是变形量太大时又会引起变形度的不均匀，则轧制过程中晶粒的大小也不均匀，尤其是 H 型钢的翼缘和腹板会出现晶粒不均的现象，这样的直接后果是断面力学性能的不均匀程度增加。

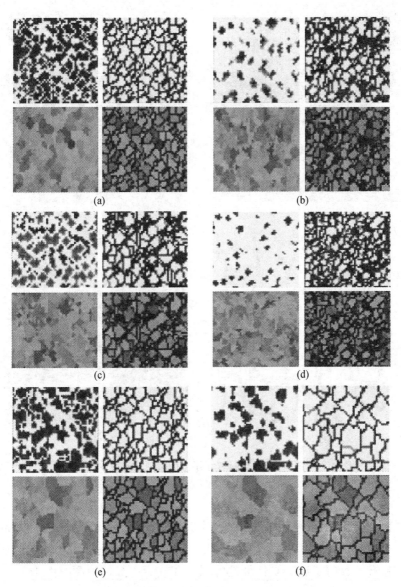

图 5 - 13 轧制过程中晶粒变化

（a）P1 点变形中；（b）P1 点道次间；（c）P2 点变形中；

（d）P2 点道次间；（e）P3 点变形中；（f）P3 点道次间

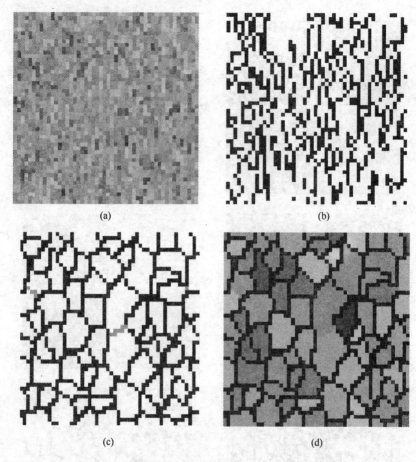

图 5-14 图标显示不同的微观结构特性
(a) 晶向；(b) 位错密度；(c) 晶界；(d) 晶向和晶界

轧制过程中如果变形温度越高，回复的程度便会越大，结果使得变形后的储存能减少，晶粒就变得粗大；但是变形温度太低又容易引起加工硬化，使得金属的塑性韧性降低。在轧后冷却过程中，由于H型钢的断面比较复杂，使得断面在冷却时各部位冷却的速度不同，这也直接影响了产品断面的力学性能，导致翼缘与腹板的力学性能出现差异。为了更好地说明上述情况，对轧后产品的微观结构和断面平均晶粒尺寸进行模拟计算，如图 5 – 15 ~ 图 5 – 17 所示。

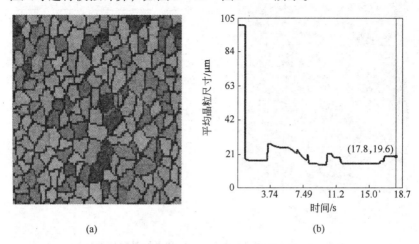

(a)   (b)

图 5 – 15 $P1$ 点的晶粒结构（a）和平均晶粒尺寸（b）

从图 5 – 15 ~ 图 5 – 17 中可以看出：$P1$ 点的晶粒尺寸是 19.6μm，$P2$ 点的晶粒尺寸为 22.0μm，$P3$ 点的晶粒尺寸是 23.1μm。在腹板、翼缘、翼缘与腹板交接处的组织晶粒对比中，腹板晶粒最细小，翼缘次之。

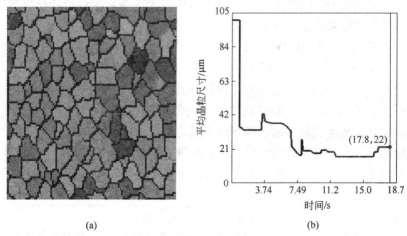

(a)   (b)

图 5 – 16 $P2$ 点的晶粒结构（a）和平均晶粒尺寸（b）

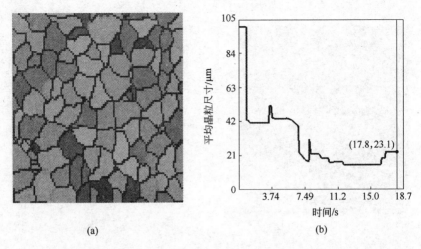

图 5-17 P3 点的晶粒结构（a）和平均晶粒尺寸（b）

H 型钢轧制过程中，腹板受到的压下量最大，所以腹板的变形最大，导致腹板的组织晶粒最小，造成其强度高、塑性和韧性提高。翼缘与腹板交接处的变形量最小，所以其组织晶粒最大。由于断面上晶粒尺寸分布不均匀，造成断面 H 型钢断面的力学性能不均。

分别对 H 型钢断面上 P1、P2、P3 三个点在轧制过程中的应力，应变等参数做点追踪模拟，观察三个点的追踪图，如图 5-18 所示。

图 5-18 中 P1 点是线 1，P2 点是线 2，P3 点是线 3。从图 5-18（a）中可以看出：在前四道次 P1 等效应变最大，P2 次之，P3 最小，即 P1 > P2 > P3；但是四道次之后 P2 点的等效应变逐渐超过 P1。从图 5-15~图 5-17 也可以看出，P1 点的晶粒细化最快，而且之后晶粒尺寸变化也比较平缓，P2 和 P3 点的晶粒则是在后面的道次中不断地细化。这主要是因为在前几道次时腹板受的压下量最大，等效应变相对来讲也就最大；但是开坯之后的来料是翼缘较厚，为了能够达到产品的尺寸，翼缘的等效应变就开始呈现优势，使翼缘中的晶粒也不断地细化。

金属再结晶一般会出现在金属塑性变形引起的最大畸变处形核，如晶界处、变形带、有大的夹杂物等区域。在变形区，当应变能够达

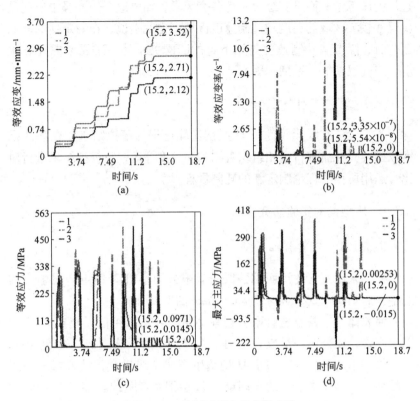

图 5-18 轧制过程中各参数变化

(a) 等效应变；(b) 等效应变率；(c) 等效应力；(d) 最大主应力

到临界应变时，就会发生动态再结晶。经再结晶之后，由于塑性变形而生成的内应力可以被完全消除，并且最后可以使金属趋于一种稳定的状态。在机架之间金属不发生变形，当金属的应变大于临界应变但是要小于峰值应变时，经过一段时间后会发生静态再结晶；当应变大于峰值应变但又小于稳态应变时，就能发生静态回复、亚动态再结晶并伴随着静态再结晶；当应变大于稳态应变时，主要是进行亚动态再结晶和少部分的静态回复。通过形核和长大静态再结晶会产生新的无应变晶粒。

综上所述，在生产 H 型钢过程中，为了提高力学性能，不能只是加大压下量，而是要综合考虑各个因素，如要避开使翼缘中出现晶粒尺寸较大区域的温度和轧制速度区域。也就是说，在制定新的轧制工艺时，除考虑轧制速度与压下量的匹配关系外，还要考虑开轧温度、终轧温度等一系列的因素。

5.3 H型钢金相组织分析

为了验证有限元软件对H型钢连轧过程的模拟结果，在津西钢铁取样并对样品进行金相组织观测和晶粒度评级，与模拟结果进行对比，运用所得的理论制定新的轧制规程[94]。

5.3.1 H型钢的实验研究

5.3.1.1 实验样品

样品来源是河北津西钢铁股份有限公司小H型钢生产线生产的规格为 $200mm \times 200mm \times 12mm \times 8mm$ 的H型钢。

河北津西钢铁股份有限公司在2006年投资24亿元建成大H型钢生产线，使公司一举成为全国三大H型钢生产基地之一。到2008年9月，年产120万吨中小H型钢生产线全线投产，使公司一举成为品种最多、规格最全的全国最大H型钢生产基地。小H生产线的精轧机组共有7架是万能轧机、2架轧边机。实验样品的化学成分见表5-6。

表5-6 实验样品的化学成分 （%）

元　素	C	Si	Mn	P	S
含　量	0.190	0.220	0.570	0.032	0.021

5.3.1.2 实验方案

用实验室线切割机取样品3个部位进行观察，3个部位分别是翼缘、翼缘与腹板交接处和腹板，样品大小制成 $10mm \times 10mm$ 进行金相组织观测，并且测定组织的晶粒尺寸与模拟结果对比，为有限元模拟提供验证依据。

为便于打磨，将试样用镶样机镶到塑料模中，分别用300、500、700、800、1000、1200和1500号砂纸进行粗磨；在抛光机上进行抛光，将由于用砂纸打磨而留下的划痕抛去；先用清水清洗再用酒精清洗，洗去观察面上的污垢；再用4%硝酸酒精进行腐蚀，腐蚀时间一般为10~20s；用酒精将试样观察面的硝酸冲洗干净，再用电吹风机将观察面吹干；最后在金相显微镜下对试样组织进行观察及拍照。

5.3.2　实验结果及分析

分别对H型钢的腹板、翼缘、翼缘与腹板交接处做金相组织观察，并测定其平均晶粒尺寸的大小，结果如图5-19所示。

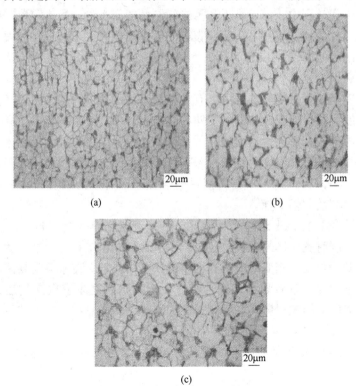

(a)　　　　　　　　　　(b)

(c)

图5-19　不同部位的显微组织

（a）腹板；（b）翼缘；（c）翼缘与腹板交接处

从图 5-19 中可以清晰地看出，H 型钢的腹板、翼缘、翼缘与腹板交接处的组织均为白色的铁素体＋黑色的珠光体组织，且它们的晶粒大小各不相同（（c）＞（b）＞（a））。对其进行晶粒度的测定，结果显示（a）为 9.5 级、（b）为 9.0 级、（c）为 8.6 级。这个结果与模拟计算结果基本一致，说明模拟结果比较准确。

在金属的热塑性变形中，随着塑性变形的增加，轧件的屈服强度和抗拉强度不断提高，但是塑性降低。对比图 5-19（a）~图 5-19（c）可以发现，腹板组织在轧制过程中，由于压下量较大，腹板变形较大，导致形成的组织晶粒细小，造成腹板的强度较高。虽然在制定轧制规程时要求翼缘与腹板的变形率基本相当。但是在 H 型钢的实际生产过程中，由于腹板和翼缘轧制时的压下量分配不一致，导致腹板和翼缘的变形量不一致。腹板的压下量明显大于翼缘，使腹板的晶粒细小而翼缘晶粒较为粗大，这也是腹板与翼缘性能差异较大的原因。

适当地降低终轧温度可以有效地提高钢的韧性。这是因为降低轧制温度，可以使奥氏体的形变储存能增大，形变亚结构增多，提高了铁素体的相变形核，从而增强了形变晶粒细化效果达到细晶强化。当进一步降低终轧温度达到两相区时，会产生明显的位错强化和亚结构强化效果，从而进一步提高钢材的强度，但是也会致使形成带状组织，使韧性大幅下降。

结合 H 型钢生产的实际情况，一般都是在奥氏体未再结晶区轧制。轧制时奥氏体晶粒被拉长，产生了大量的位错和变形带，随着温度降低，当发生相变时就得到细小的铁素体晶粒。在未再结晶区轧制时，它的变形量有累计作用，经过在未再结晶区多道次连轧后，可以使奥氏体向铁素体转变后获得更细小的铁素体晶粒。未再结晶区的开轧温度主要决定于再结晶停止温度，为了得到形变晶粒的细化效果，而且又不产生混晶现象，必须在再结晶停止温度以下控轧[95~97]。

产品的力学性能受到产品组织形态的影响，不同的组织形态可以获得不同的力学性能。在产品生产过程中，轧件受到轧制速度、压下量、温度等参数的影响。增大轧制速度和压下量都可以细化晶粒，增强产品的力学性能。但是轧制速度和压下量增加过多又会造成翼缘和腹板晶粒尺寸分布不均，所以为了达到合理的要求，必须综合考虑轧制的变形规律、待温时间、连轧的道次等，以便合理分配变形量和轧制速度。

结合H型钢现场实际的生产情况，分析认为：因为在开坯阶段采用普通的二辊孔型轧制，这一阶段的轧制目的主要是为后面的万能轧制提供合适的坯料，但是在这个阶段变形不均匀并且难以调整，所以除了控制轧制温度外对变形量无法进行有效的控制。

从提高产品性能和轧制效率的角度，希望开轧温度可以低一点，但是由于开坯机受到最大轧制压力的限制，同时轧件在开坯轧制时存在较严重的不均匀变形，温度对变形规律和轧制压力的影响相对较大。为保证开坯顺利轧制和供给万能轧制的坯料准确，故只将开坯温度的下限设为1200～1150℃，不做大的调整。

由于H型钢的冷却受到自身特点的影响，翼缘厚、腹板薄，加之在轧制时腹板中常存有轧辊冷却水，使得腹板表面的温度要低于翼缘的温度。实际测的翼缘平均温度要比腹板高出50～80℃，控制轧件进入万能粗轧的温度其实就是控制其进入万能粗轧翼缘的温度。但同时要考虑到腹板温度要比翼缘温度低50～80℃，这样就使得翼缘的轧制温度无法定得太低。若轧制时腹板温度过低，为保证万能轧制变形顺利，腹板压下率与翼缘的压下率要近似相等（实际腹板的压下率略低），腹板的压下量无法减少，这使轧制压力过大而无法轧制，同时可能影响腹板的力学性能。

分配变形量是主要考虑：由于是九架万能轧机连轧作业，必须保证各道次秒流量相等；保证翼缘和腹板的变形量基本相当；由于温度会越来越低，每道次的压下量要逐步减少。

根据上述因素，制定生产H型钢的轧制工艺参数：加热温度1200～1250℃，开轧温度1150～1200℃，进入万能轧机最后5道次时翼缘温度不大于950℃，终轧温度850～870℃，轧后空冷。针对产品200mm×200mm×12mm×8mm的规格，运用DEFORM-3D软件制定出一新的轧制规程表，见表5-7。

表5-7　轧制规程表

道　次		辊缝值/mm	辊速/m·s^{-1}
1	平	23.20	0.57
	立	44.40	
2	平	19.70	0.88
	立	35.10	
3	平	15.10	1.17
	立	26.80	
4	平	11.90	1.42
	立	20.30	
5	平	11.90	1.51
6	平	9.70	1.62
	立	15.90	
7	平	8.30	1.96
	立	13.10	
8	平	8.50	2.50
9	平	8.00	2.20
	立	12.00	

　　使用上述轧制规程对 H 型钢的连轧过程进行数值模拟，获得产品的微观结构图和平均晶粒尺寸。取 H 型钢断面上不同位置的三个点，P1 是腹板上一点、P2 是翼缘上一点、P3 为翼缘与腹板交接处一点。图 5-20~图 5-22 分别为 H 型钢断面上不同的三个点的晶粒结构图和平均晶粒尺寸图。

　　从图 5-20 中可以看出，P1 点的平均晶粒尺寸为 18.9μm，P2 点的平均晶粒尺寸为 20.2μm。图 5-22 中显示 P3 点的平均晶粒尺寸为 20.7μm。从三幅图的对比中可以看出，P1 点的晶界还是较 P2 点、P3 点多，而且晶粒也较细，但是它们之间已经较为接近，差距不是很大。这就减少了 H 型钢断面上力学性能的差距，达到了一定的效果。

　　在制定新的 H 型钢热连轧过程中，通过合理控制和改善九连轧

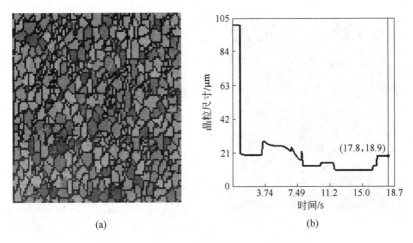

图 5-20 *P*1 点的晶粒结构（a）和晶粒尺寸（b）

各道次的压下量与轧制速度，控制不均匀变形，保证翼缘与腹板的组织均一性。从图 5-20 ~ 图 5-22 中也可以看出，与原规程相比晶粒尺寸都有所下降，而且它们的晶粒尺寸相差较小。通过合理地控制冷却工艺，有效地控制 H 型钢在冷却过程中的冷却速度，特别

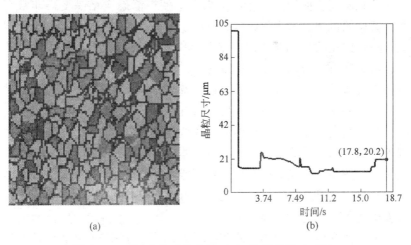

图 5-21 *P*2 点的晶粒结构（a）和晶粒尺寸（b）

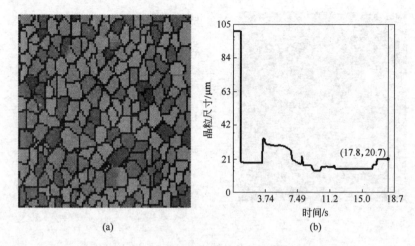

图 5 – 22 *P*3 点的晶粒结构（a）和晶粒尺寸（b）

是在冷床上冷却时的冷却速度，能有效提高 H 型钢断面力学性能的均匀性。

在本轧制工艺条件下，前几个道次由于温度高、压下量大，轧制速度较慢，有利于发生动态再结晶并且动态再结晶细化晶粒的效果显著。在轧制道次间时，由于时间较长，使得静态再结晶变得非常有利；其后的机架，由于奥氏体晶粒尺寸较小，温度降低且应变速率增大，晶粒细化效果趋于平缓；最后两个机架虽然也是在奥氏体区轧制，由于变形量减小，变形速度增加，使动态再结晶几乎不发生，并且在奥氏体晶粒内部会产生形变带，致使组织具有高位错密度和亚晶结构等，平均晶粒尺寸基本不变或略有增加。

为了提高产品的力学性能，合理地加入微量的合金元素也可以达到很好的效果。这些合金元素溶入基体后能阻碍晶界的运动，被吸附在晶界的溶质原子能够使晶界的界面能降低，因此也降低了界面移动的驱动力，使晶界不容易发生迁移，可以获得较细小的晶粒，使产品可以得到优良的力学性能。

为了直观地反映力学性能和组织的关系，分别进行了力学性能检测实验[98]和金相观察显微组织实验。

5.4 力学性能测试实验

5.4.1 拉伸试样的制备

以某钢铁公司 H200mm×200mm 产品为模型，到生产现场实际取样，现场使用红外线温度检测设备检测 H 型钢实际生产过程中各个阶段的温度。截取 A、B、C、D、E 五组不同时间段内生产的长 400mmH 型钢试样。使用线切割设备，分别在 A、B、C、D、E 五组 H 型钢上下翼缘、腹板按 H 型钢翼缘宽度四分之一处（4/B）沿着轧制方向切取 20mm×250mm 拉伸试样。记翼缘上为 I1、翼缘下为 I2、腹板为 F，如图 5-23 所示。实验样品化学成分见表 5-6。

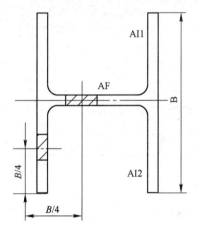

图 5-23 H 型钢截取试样标准

截取后的试样为了避免表面油脂影响实验数据，使用丙酮、酒精等清洗后擦干。在试样长度方向均匀刻上标度线，便于后续计算使用。

5.4.2 拉伸实验及其数据

实验采用河北联合大学 60kN 拉伸实验机，将试件竖直放入拉伸试验机夹头，打开微机中拉伸实验用软件，输入拉伸试样数据。拉伸前将软件中的拉力和位移数据清零。再打开拉伸试验机均匀加载。拉伸结束后记录拉伸数据并放入新的拉伸试样，每次拉伸加载前均需对软件中的位移和拉力值进行清零，以免造成人为误差。拉伸数据见表5-8。

表5-8 拉伸数据

编号	屈服强度/MPa	抗拉强度/MPa	伸长率/%	断面收缩率/%
AI1	290.1	447.9	47.7	55.0
AI2	289.6	447.1	49.2	54.6
AF	306.8	447.8	46.1	51.0
BI1	283.6	450.9	48.4	55.5
BI2	290.7	440.1	50.0	56.2
BF	312.2	453.5	48.4	49.9
CI1	300.6	445.3	49.2	55.4
CI2	295.8	443.8	52.3	54.9
CF	321.9	456.1	46.9	49.9
DI1	301.1	451.7	46.9	56.3
DI2	297.6	450.0	49.2	57.1
DF	310.6	455.8	43.0	48.6
EI1	308.8	453.6	44.5	55.7
EI2	292.5	453.6	50.0	55.2
EF	317.9	457.9	44.5	49.3

腹板屈服强度大于翼缘强度6.4%，上下翼缘屈服强度略有差异，上翼缘略大于下翼缘。H型钢腹板抗拉强度最大，上翼缘次之，下翼缘最小。翼缘伸长率和断面收缩率高于腹板伸长率，上翼缘伸长率高于下翼缘，上下翼缘断面收缩率相差不大。

在H型钢塑性变形时，腹板变形量远远大于翼缘变形量，变形后腹板有大量的回复和再结晶能量，在轧制变形后腹板再结晶数量大于翼缘再结晶数量，由于轧制时冷却水常存在于腹板上槽内，而且腹板厚度常常小于翼缘厚度，导致单位长度内腹板内存储热量少且对外热交换快的现象，腹板部位在变性后回复和再结晶时间短，较翼缘晶粒长大不充分，因此变形后腹板较翼缘有更为细小的再结晶晶粒组织，腹板较翼缘有更高的强度。

6 H型钢轧后控制冷却

6.1 控制冷却方法

6.1.1 控制冷却对 H 型钢组织与性能的影响

控制冷却是热轧钢强化机制的一种，是通过对热轧钢材的冷却工艺参数如初始冷却温度、终轧冷却温度、冷却速度等进行合理控制，达到改善钢材组织和性能的一种物理冶金方法。

控制冷却通过细化铁素体晶粒，减少珠光体片层间距，阻止碳化物在高温下析出的方法，来实现提高材料强度，而且保持材料具有一定韧性。实践表明，防止钢材冷却后变形也是控制冷却的一个显著作用[99]。

热轧钢分为高温终轧钢和低温终轧钢两种：

对于轧后处于奥氏体完全再结晶状态的高温终轧钢来讲，如果轧后缓慢冷却，那么奥氏体晶粒会慢慢长大；进而得到粗大的铁素体组织，并且最终会得到力学性能差，晶粒粗大片层间距很厚的珠光体。

对于终轧后处于奥氏体未再结晶温度区域的低温终轧钢来讲，如果轧后缓慢冷却，因为变形的原因使奥氏体析出铁素体的开始线升高，铁素体极易形成，那么铁素体会有足够时间长大，进而使控制轧制的细化晶粒的效果降低。因此，为了强化金属的结构和力学性能，采用合理的快速冷却手段进行控冷，一直以来受到人们的重视。

由于对相变前的组织和相变后的相变产物、析出行为、组织状态都可以产生影响，控制冷却成为获得优质钢材性能必不可少的工艺之一[100]。

6.1.2 控制冷却的过程

由实践的经验可将控制冷却过程分为开始冷却（终轧后冷却）、过程冷却和最后空冷（三次冷却）三部分[101]，各部分原理不同。

首先，开始冷却是为减小奥氏体晶粒长大及碳化物析出，固定因变形引起的错位，加快冷却速度，减小相变温度，得到相变理想的组织，而进行的从终轧温度开始到奥氏体开始向铁素体转变温度 A_{r_3} 或开始析出二次碳化物温度 $A_r cm$ 范围内的冷却。为使奥氏体细化和有效晶界面积的增大效果明显，要让开始冷却的初始冷却温度与终轧温度尽量接近。

其次，过程冷却是为使初始冷却的轧后钢材立即进入由奥氏体状态向铁素体或碳、氮化合物析出的相变转化阶段的过程，即得到所要求的金相组织和力学性能，再对相变冷却开始温度、冷却速度和终止冷却温度等参数进行控制的过程。对于常见的低碳钢和低合金钢来讲，终轧后的开始冷却和过程冷却可以连续进行。

最后，空冷（三次冷却）是指控制相变之后直到室温这一温度范围内的冷却过程。空冷一般适用于低碳钢，而对某些微合金化钢，为达到固溶强化的目的，阻止碳化物析出，保持其碳化物固溶状态而在相变完成之后继续采用快冷或超快冷工艺。

6.1.3 控制冷却的几种方式

高温钢材轧后控制冷却方式主要有喷流冷却、压力喷射冷却、幕状层流冷却、层流冷却、雾化冷却和管内流水冷却等。不同的冷却方式有着其各自适用场合。因此采用何种冷却方式需根据具体工艺条件和环境限制来考量[102]。

因为 H 型钢终轧后上缘已冷却，下缘不易散热，引起上缘部分温度低，下缘部分温度高，这对控冷过程有很多要求，如冷却能力强、节省冷却材料（水、高压空气等）、冷却均匀、工艺成本低、操作灵活、可靠性和可实现性好等。实际生产中多采用喷水量可控的喷射冷却和喷水冷却两种形式，因为这两种工艺的优点是可喷射到需要冷却的部位。

　　喷雾冷却是高效实现控制冷却的方法，冷却能力大。它是用加压气体使水雾化，此时加压的气流不会对传热有很大的影响，并且空气流使水滴和轧件接触均匀，能排除型钢内的滞流水，使轧件的冷却不均得到进一步改善。喷射是靠水压使水雾化，冷却效果和可靠性比喷雾冷却稍差[103]。

　　本章为了实现 H 型钢在奥氏体转变温度区间内快速冷却之后回火均匀的效果，采用喷雾冷却进行模拟。

　　表 6 - 1 为常用的几种控制冷却方式对比。

表 6 - 1　常用的几种控制冷却方式对比

名　称	定　义	优　点	缺　点	适用对象
喷流冷却	水流从压力喷嘴以固定的压力喷出，水流连续无间断，但呈紊流状喷射到钢板表面	穿透性好，适合水膜较厚的情况	喷溅厉害，水的利用率差	中厚板轧后冷却和钢板淬火
压力喷射冷却	水流从喷嘴以固定的压力喷出。如果超出连续喷流的流速，则水流发生破断形成滴流群，冲击冷却的钢材表面	穿透性好，冷却率高	冷却范围较小，水流湍急、压力大、耗能高	适用于一般冷却
幕状层流冷却	在精轧机出口输出辊道的上方设置数个水幕集管，从集管流下的幕状层流水流对钢板的上表面进行冷却。也称水幕冷却	使钢板沿宽度方向冷却均匀，不形成冷却斑，冷却效率高，层流水能量损失小，设备简单易于维修	对装置的水幕头制造精度要求高，冷却的均匀性差，水量调节范围小，冷却速度较小，耗水量较大	板材热轧后的控制冷却工艺中

名　称	定　义	优　点	缺　点	适用对象
层流冷却	使低水头的水从水箱或集水管中通过弯曲管的作用形成一无旋和无脉动的流股，到达轧件表面后在一段距离内仍保持平滑喷射水流	具有很强的冷却能力且冷却均匀，流量调节范围较宽，冷却能力调节灵活，设备制造工艺简单，对水中杂质的要求较低，水流的稳定性好	因水流的加速度影响，易形成液滴流，破坏层流状态	广泛应用于热轧板带生产线上
雾化冷却	通过鼓风装置给空气加压，使水雾化，水和高压空气一起从喷嘴里喷出，形成雾状气流，用此气流冷却	装置冷却范围较大	气雾冷却设备费用高昂，噪声大，车间雾气较大	
管内流水冷却	水在管内及平行板之间流动，热钢材在其间通过并进行冷却	由于水冷器形式不同，水流状态不同，冷却能力和效果有很大差异，冷却均匀、效果好	不适宜作为弱冷却工艺	广泛应用于线材、棒材生产中

6.1.4　控制冷却的应用

　　目前，控制冷却技术在国内板材、线材生产中已得到广泛而成熟的应用[104]，但在 H 型钢热轧生产线还没有形成完整的冷却理论和冷却工艺技术。这主要是由于型钢采用万能轧机孔型轧制法，与带钢采用的平辊轧制相比，轧件在孔型内的塑性变形过程更为复杂，进行数值分析时考虑的因素更多，分析时间更长；传统的层流与水幕等控冷手段无法适应 H 型钢复杂的断面形状，极易出现腰部残留水，使得截面冷却不均匀，进一步影响轧件的断面形状和性能均匀性；在连续作业和高产能的生产线中稳定作业需要精准及时的信号处理与控制能力[105]。

1990 年卢森堡阿尔贝德公司开发了 QST 技术，即在终轧后进行快速水冷，通过整个断面的急冷，使其表面生成马氏体，再利用水冷结束后从内部产生的反热，将表面的淬硬层回火，达到性能均匀、韧性提高的目的。德马克公司也进行了 QST 工艺的研究，在精轧机后设置一冷却段，H 型钢出精轧后在 850℃立即进行喷水淬火冷却，自回火温度为 600℃，提高了 H 型钢的屈服强度和韧性。日本为解决轧后控冷 H 型钢表面硬度过高的问题，采用了在轧制过程中只冷却翼缘，翼缘返热后再轧制，反复进行的方法，由于翼缘的水冷面在 H 型钢内部形成温度梯度，由此引起强度也倾斜分布，通过随后的压下可使内部高温、强度低的区域容易变形，产生很好的压下渗透效果[106~109]。

近年来，我国 H 型钢控制冷却技术的研究已引起广泛的关注。

国内莱钢中型厂在生产线布置有控制冷却系统，采用气雾冷却方式，喷嘴布置采用减少断面温度不均匀的冷却水残留配置方式，使轧件在精轧后实现快速大幅度降温，表面氧化铁皮薄且均匀，轧件上冷床温度降低，实现了断面温度均匀，但其性能提高也仅能保证在20MPa 以内[110]。

东北大学采用超快速冷却技术，通过在限定时间内，用较高的水压（0.7~1.2MPa），将轧件表面形成的气膜打破，以改善冷却传热条件，达到快速降温至目标温度、成分保留高速轧制下的加工硬化效果，提高性能的目的。

虽然 H 型钢的控制冷却在国内仍未形成成熟稳定的生产工艺，但其在改善材料组织性能、降低合金使用量、大幅降低炼钢成本方面的作用已得到普遍认同，在这方面的探索研究具有很大的实际意义[111]。

6.2 传热模型分析

H 型钢的冷却过程是三种传热方式的综合，同时每一点的温度随时间不断变化，是非稳态导热过程。从进入冷却段到最后空冷至室温，其冷却过程主要包含以下几种方式的热传递：

（1）H型钢与辊道直接接触，它们之间存在着导热，由于H型钢是呈"H"状放置，接触面积非常有限，导热方式传递的能量也有限；

（2）H型钢在自然冷却时与周围空气存在着热对流，可以认为是自然对流；

（3）H型钢在喷雾冷却阶段与冷却水雾存在着热对流，此过程是强制对流过程；

（4）H型钢始终与外界环境存在着相互的热辐射，辐射强度随温度的降低而减弱。

6.2.1 简化模型的假设

为了简化模型，节省计算，必须对H型钢的冷却过程提出合理的假设以简化分析过程。本节模拟过程中采用的假设前提有如下几点：

（1）轧件成分均匀，各物理参数为各向同性；

（2）始冷温度分布均匀一致，为900℃；

（3）轧件终轧时的残余应力为零；

（4）轧件头尾无舌形端部，为平齐界面；

（5）轧件为弹塑性，长度300mm，且以二分之一对称；

（6）轧件长度方向端部断面为绝热，即与外界环境无热交换存在。

6.2.2 有限元模型建立

6.2.2.1 几何模型导入

采用津西钢铁公司的成品尺寸为200mm×200mm×12mm×8mm的H型钢成品规格，材质为Q235B，其主要成分见表6-2。

表6-2 Q235B主要成分 （%）

化学成分	C	Mn	Si	S	P
含 量	0.12~0.20	0.30~0.70	≤0.30	≤0.045	≤0.045

瞬态温度场分析主要是为了之后的应力分析提供基础，并在此

基础上提出针对性的控制冷却方案，为了后续采取控冷时分析方便，同时也兼顾分析模型的精确性。本节没有采用二维平面模型断面简化分析，而是采用三维实体。实体几何模型用 Pro/ENGINEER Wildfire5.0 软件建立，为简化计算，取实体的 1/2 建模。轧件长度在保证径向方向温度场分布过渡充分前提下应尽可能短以节省计算，取 300mm。

ANSYS 能进行热结构分析的模块有 Multiphysics、Mechanical、Thermal、FLOTRAN、ED 等，其中 ANSYS/Multiphysics 能够进行的分析较多，而且包含了热分析与热结构耦合分析。

图 6-1 所示为 H 型钢 3D 模型，是将 Pro/ENGINEER Wildfire5.0 中建立的实体模型导入了 ANSYS 中形成的。

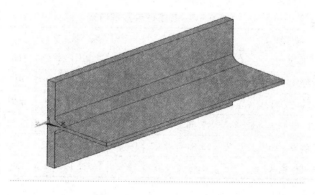

图 6-1 H 型钢 3D 模型

6.2.2.2 选择热分析单元

三维实体模型采用 SOLID90 单元，这种单元有 20 个节点，并且每个节点上都有一个温度自由度，二十节点单元有协调的温度形函数。SOLID90 单元由于包含的节点较多因而划分网格时形状灵活，适于描述 H 型钢比较复杂的界面形状。SOLIDD90 单元既可用于稳态热分析也可用于瞬态热分析，后续进行结构分析时，可被一个等效的结构单元 SOLID95 所代替。

6.2.2.3 热物理参数的设定

对自然界大多数物质来讲，其物理性质都只能保持在一定的条件之下，金属晶体也不例外。材质为 Q235B 的 H 型钢与热分析相关的物理参数在控制冷却的过程中也不都是常数，它们大多随轧件温度变化而变化，而且这种变化的机理非常复杂还没有明确的理论以及相关公式能够准确描述，应用中只能采取查表或经验公式的方式。

在 ANSYS 软件模拟计算的过程中，只要将时间步进设置的足够小，就可以近似认为相邻的两个时间点下轧件的热物理参数是相同的，这在一定程度上降低了热物理参数带来的计算误差[112]。

表 6 – 3 是分析过程中用到的物理量在典型温度下的值[113]，泊松比取 0.274。

表 6 – 3 各物理参数取值表

参　数	取　值						
温度/℃	400	500	600	700	755	800	900
密度/kg·m^{-3}	7735	7701	7658	7626	7621	7617	7601
定压比热容/J·(kg·℃)$^{-1}$	561	616	701	855	1065	807	638
导热系数/W·(m·℃)$^{-1}$	41.46	8.11	5.16	1.81	30.66	28.51	29.91
线膨胀系数（×10^{-6})/℃$^{-1}$	13.91	14.02	14.05	14.29	14.42	14.65	14.81
弹性模量/GPa	169	176	168	151	142	139	113

6.2.2.4 网格划分

ANSYS 网格划分可以采用自由（free）划分网格或映射（mapped）划分网格。映射网格对其包含的单元形状有限制，而且要求几何模型必须满足特定的规则。与映射网格相比，自由网格对于单元形状没有限制，并且对几何模型没有特定的要求。

本章采用 Hex/Wedge 扫描方式划分，通过全局设置划分单元的大小，保证精度。H 型钢 3D 网格模型如图 6 – 2 所示。

6.2.2.5 对流换热载荷

由以上分析可知，H 型钢轧件在出精轧后初始温度约为 900℃，

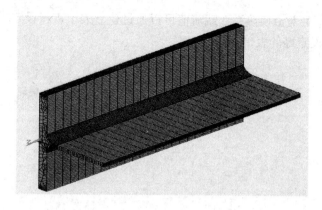

图 6-2 H 型钢 3D 网格模型

存在着与轨道之间的接触导热、与空气之间的对流换热以及向周围环境进行的热辐射。其中，无论是自然空冷还是喷雾冷却条件下，接触导热的影响都很小，所以可以采取忽略处理。为了计算方便，通常将辐射与对流合并处理，统一考虑为对流换热，这种情况下的对流换热系数有较为成熟的经验公式，本章也采取这种方式处理。

A 自然空冷对流换热系数

H 型钢轧件在出精轧后在导轨上行进的速度一般为 2~3m/s，远远达不到强制对流的程度，可以认为是自然空冷过程。本章采用了经验公式进行计算。这种方法将空气自然对流与热辐射综合处理，计算比较简单，并且经验公式的条件也与实际情况相符合[114]。经验公式如下：

$$h = 2.2(T_w - T_c)^{0.25} + 4.6 \times 10^{-8}(T_w^2 + T_c^2)(T_w + T_c) \quad (6-1)$$

式中 T_w——工件温度，K；

T_c——环境温度，K。

考虑环境温度为室温情况，经过计算得到不同温度下的空冷综合对流换热系数，见表 6-4。

表 6-4 不同温度下的空冷综合对流换热系数

温度/℃	400	500	600	700	755	800	900
对流换热系数/W·(m·K)⁻¹	34.35	44.62	57.18	72.45	82.22	90.56	111.88

离散的对流换热系数载荷值可以通过建立表单进行设定[115]，图 6-3 为设定好的表单。

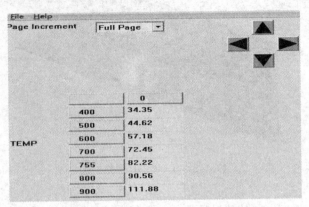

图 6-3 对流换热系数设定表单

B 喷雾冷却对流换热系数

对流换热系数是研究钢材控制冷却过程中传热特性、模拟计算温度场及设计水冷工艺非常重要的参数。它受到很多因素的影响：除了冷却介质本身的物理性质如定压比热容、导热系数、黏度、汽化热以及所用的添加辅剂等，外界条件如环境温度和冷却介质与轧件的相对运动速度对冷却介质的换热系数也有很大影响。

实验和模拟相结合的方法认为，冷却过程中应综合考虑膜状沸腾与核状沸腾在传热过程的不同效果[116]，同时将冷却系统的参数的影响一并引入，包括钢材的表面温度及水流密度[117,118]，那么换热系数 h 可由下式计算[119]：

$$h = 4.782 \times 10^5 T_s^{-1.089} W^{0.17} \qquad 500\text{℃} \leqslant T_s \leqslant 900\text{℃} \qquad (6-2)$$

$$h = 1.1022 \times 10^{12} T_s^{-3.279} W^{0.732} \qquad 900\text{℃} \leqslant T_s \leqslant 1200\text{℃} \qquad (6-3)$$

式中 T_s——型钢表面温度，℃；

W——水流密度，L/（m² · s）。

式（6-2）与式（6-3）考虑了多种因素对传热系数的影响，与 H 型钢控制实际的冷却状况更为接近。

6.3 H型钢轧后自然空冷计算结果

H型钢的冷却过程是三维瞬态热分析,初始条件设环境温度为25℃、冷却介质的温度也为25℃、H型钢始冷温度为900℃。

6.3.1 自然空冷温度场结果及分析

图6-4~图6-7分别是自然对流空冷状态下5s、100s、200s、1000s时的H型钢温度场分布云图,这部分模拟了出精轧后不采取控冷措施时,H型钢的冷却状况。由图中可以分析得出:H型钢在空气中自然冷却时,表面与空气直接对流,由内到外形成从高到低的温度梯度,腹板的冷却速度最快,翼缘次之。R角部位冷却速度缓慢,200s时仍然有759℃的高温,如此长的时间容易得到晶粒粗大的组织,性能较差。

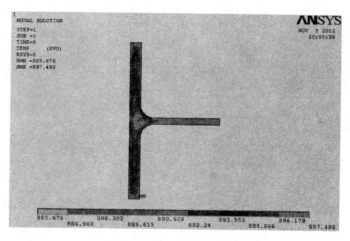

图6-4 空冷5s截面温度场

可以看出,如果H型钢出精轧后不加以控制冷却措施,只是自然条件下冷却,其冷却的速度较慢,晶粒容易长大,同时断面存在较大温差,容易产生较大的残余应力,给形成裂纹等缺陷埋下隐患。

图6-8所示为所选的三个节点分布。图6-9是选取三个节点计算的温度历程曲线,结果显示,虽然空冷状态下各个表面施加的对流

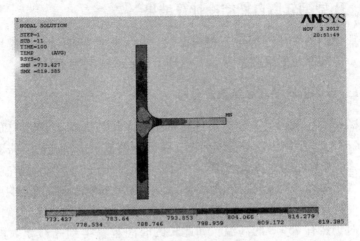

图 6-5 空冷 100s 截面温度场

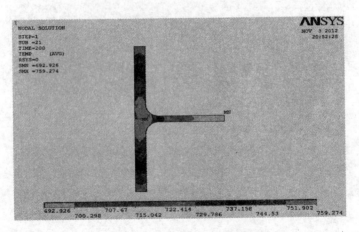

图 6-6 空冷 200s 截面温度场

换热载荷是相同的，但是由于 H 型钢不同部位的散热能力不同，其冷却速度不一，断面上最大的温差达到 120 多度。腹板部位最薄，散热面积大，冷却速度最快；翼缘部分较厚，冷却速度次之；R 角心部最厚，散热面积小，而且受到腹板和翼缘的共同影响，冷却速度最慢。

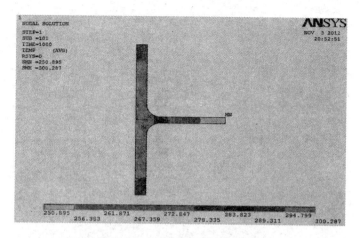

图 6-7　空冷 1000s 截面温度场

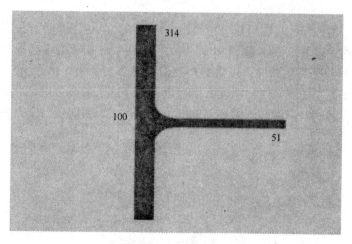

图 6-8　所选节点分布

　　可以看出，H 型钢整体上大致可分为三个温区：R 角、翼缘和腹板，三个温区的温度依次降低。

6.3.2　自然空冷应力场结果及分析

　　图 6-10 为 2000s 时 H 型钢应力分布云图，此时型钢已经冷却至

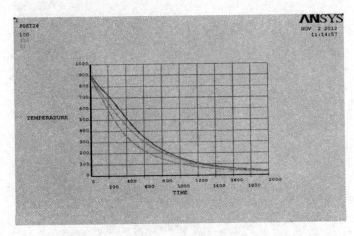

图6-9 空冷过程三点温度的时间历程曲线

室温。由图6-10中可以分析得出：应力最大处位于 R 角部位腹板与翼缘的连接处，大小为 53MPa，应力最小处位于腹板心部与翼缘的端部，大小为 775420Pa。应力集中度分布云图如图 6-11 所示，与应力云图基本一致。对比温度云图可以发现，这里的应力正是由于温度不均引起的残余应力，散热差的部位温差最大，因而残余应力最大。

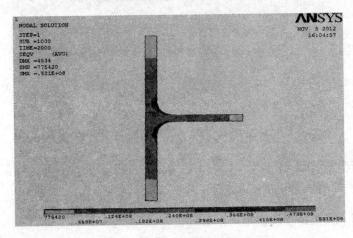

图6-10 2000s时等效应力分布云图

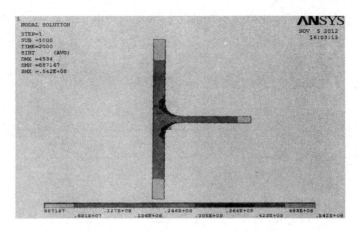

图 6-11　室温时应力集中度分布云图

　　总的来讲，热轧 H 型钢因轧后各部分冷却状况不同而导致冷却过程中截面温度分布不均匀，使得空冷过程中残余热应力大量存在且分布复杂，其中腹板部位整体表现为压应力、翼缘和腰腿连接部位表现为拉应力。这种热应力的存在对 H 型钢的平直度及使用性能会产生不良影响，因此有必要对其进行控制冷却[120]。

　　水冷区的布置是很多的喷头并排形成一定的水雾冷却环境，轧件进入水冷区后主要的热传递方式是轧件与水雾的对流换热，长度方向上相邻区域的温差影响相比而言较小，尤其是在采用较小时间步长的情况下，所以本章在对该 300mm 的轧件进行分析时，直接对其整体施加温度载荷而没有再考虑长度上分步加载的影响。

　　由空冷计算结果可知，R 角部位与翼缘是应该进行强制冷却的区域，为了减小断面温差、提升产品性能，需要在奥氏体向铁素体转变温度区间内进行一定程度的控制冷却。冷却的程度应该是能够使 H 型钢在喷雾阶段就快速降到奥氏体转变温度以下。

　　在 H 型钢的控制冷却过程要经历空冷、控冷、再空冷三个阶段。第一个空冷时间非常短，而喷雾冷却阶段大约为 10s 时间，之后要经历回火返红，这一过程约为 10s，最终冷却至室温。所以最终的控制冷却时间设置为：喷雾冷却阶段 10s，之后空冷 10s。在这一过程中对控制冷却的相关参数进行适当的控制，可以对最终产品的组织性能产生有利的影响，既提高生产效率，又可以提高产品质量。

为了更好地进行分析比对，设计了四种不同方案，见表6-5。

表6-5 控制冷却方案 （L/(m² · s)）

方案编号	翼缘水流密度	R角水流密度	腹板水流密度	总水流密度
一号方案	9.5	8	6.5	24
二号方案	8	9.5	6.5	24
三号方案	9.5	9.5	9.5	28.5
四号方案	6.5	6.5	6.5	19.5

6.4 H型钢有限元温度场模拟结果及分析[121,122]

6.4.1 一号方案结果及分析

一号方案温度场分析结果如图6-12~图6-15所示。

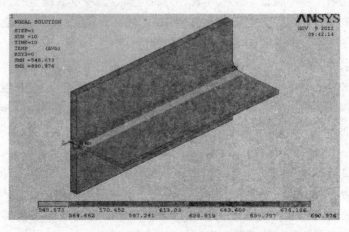

图6-12 一号方案控冷10s三维温度场

图6-12~图6-15为H型钢经过一号方案10s喷雾冷却和10s回火返红后的温度场分布图。由图中可以分析得出：H型钢在喷雾冷却阶段，表面与冷却水雾直接接触换热，表面温度迅速下降，热量由

内到外形成较大的温度梯度,喷雾冷却结束时心部最高温度为690℃,表面最低温度为548℃,断面温差达142℃。当控冷结束后,H型钢进入空冷阶段,表面热量损失变缓,内部高温区向外扩展,表面低温有一定程度回升,温度分布趋于均匀。空冷10s整个控制冷却结束时,H型钢断面最大温度为615℃,最低温度为586℃,温差为29℃,比较理想。

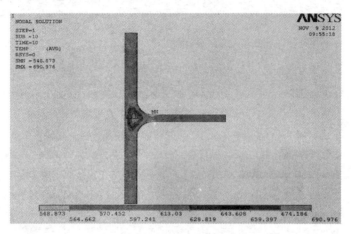

图 6-13   一号方案控冷 10s 截面温度场

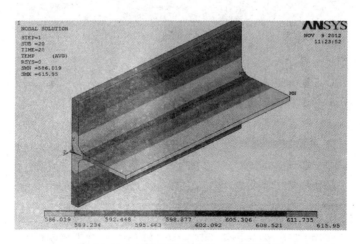

图 6-14   一号方案控冷 20s 三维温度场

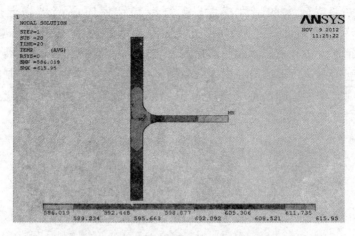

图 6 – 15   一号方案控冷 20s 截面温度场

6. 4. 2   二号方案结果及分析

二号方案温度场分析结果如图 6 – 16 ~ 图 6 – 19 所示。

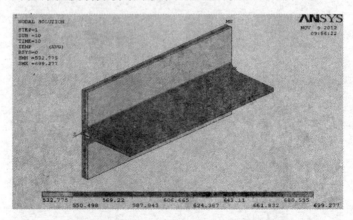

图 6 – 16   二号方案控冷 10s 三维温度场

图 6 – 16 ~ 图 6 – 19 为 H 型钢经过二号方案 10s 喷雾冷却和 10s 回火返红后的温度场分布图。由图中可以分析得出：喷雾冷却结束时心部最高温度为 699℃，表面最低温度为 532℃，断面温差达 167℃。

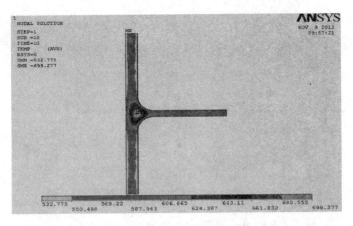

图 6 – 17　二号方案控冷 10s 截面温度场

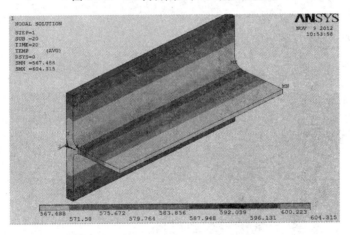

图 6 – 18　二号方案控冷 20s 三维温度场

对比一号与二号方案的喷雾冷却阶段可以看出，R 角处的冷却相比于翼缘外部的冷却对心部最高温度有更大影响，加大 R 角处是降低整个断面最高温度最有效的冷却位置。整个控制冷却结束时，H 型钢断面最大温度为 604℃，最低温度为 567℃，温差为 37℃。对比一号与二号方案，因为整个 H 型钢翼缘部分占的质量比最大，而且二号方案的总水流密度比一号方案大，空冷过程带走的热量更多，所以二号方案回火后返红的温度较低。

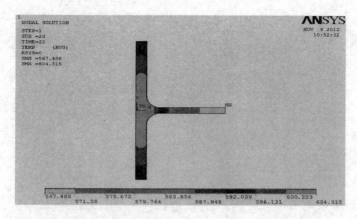

图 6 - 19　二号方案控冷 20s 截面温度场

6.4.3　三号方案结果及分析

三号方案温度场分析结果如图 6 - 20 ~ 图 6 - 23 所示。

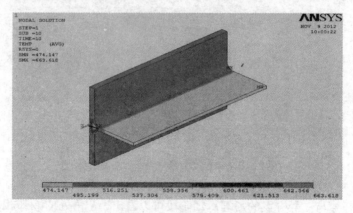

图 6 - 20　三号方案控冷 10s 三维温度场

图 6 - 20 ~ 图 6 - 23 为 H 型钢经过三号方案 10s 喷雾冷却和 10s 回火返红后的温度场分布图。此方案为对比方案。由图中可以分析得出：喷雾冷却结束时心部最高温度为 663℃，表面最低温度为 474℃，断面温差达 189℃。对比一号、二号与三号方案的喷雾冷却阶段可以

看出，对 H 型钢整体采取同一程度的冷却虽然降温更快，但会产生较大的断面温差，依然是腹板降温最快，这样容易在腹板与 R 角的连接处产生大的应力。整个控制冷却结束时，H 型钢断面最大温度为 576℃，最低温度为 521℃，温差为 55℃。对比一号、二号与三号方案，三号方案的总水流密度比最大，因而返红后的温度最低，但是温差变大不利于减小热应力。

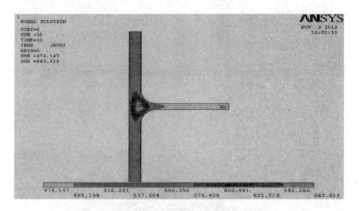

图 6-21 三号方案控冷 10s 截面温度场

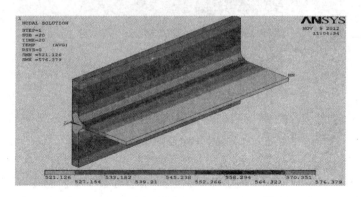

图 6-22 三号方案控冷 20s 三维温度场

6.4.4 四号方案结果及分析

四号方案温度场分析结果如图 6-24~图 6-27 所示。

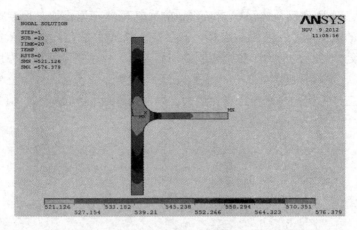

图6-23 三号方案控冷20s截面温度场

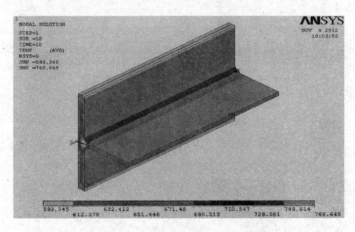

图6-24 四号方案控冷10s三维温度场

图6-24~图6-27为H型钢经过四号方案10s控制冷却和10s回火返红后的温度场分布图。由图中可以分析得出：喷雾冷却结束时心部最高温度为749℃，表面最低温度为593℃，断面温差达175℃。方案四的最高温度不能保证奥氏体转变完全，可能有粗大晶粒长成。对比四种方案的喷雾冷却阶段可以看出，对不同位置分配适当的水流密度可以减小断面温差，而且就温度场来说方案一更优。整个控制冷

却结束时，H型钢断面最大温度为713℃，最低温度为672℃，温差为44℃。

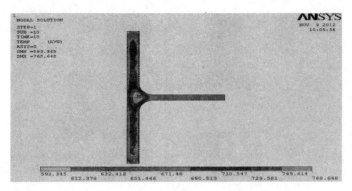

图6-25　四号方案控冷10s截面温度场

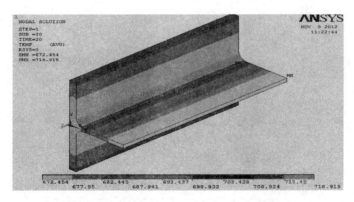

图6-26　四号方案控冷20s三维温度场

6.5　H型钢有限元应力场模拟结果及分析

6.5.1　一号方案结果及分析

一号方案应力场分析结果如图6-28和图6-29所示。

图6-28和图6-29为H型钢经一号方案控制冷却至室温时的应力场。由图中可以分析得出：应力沿长度方向分布基本均匀，最大

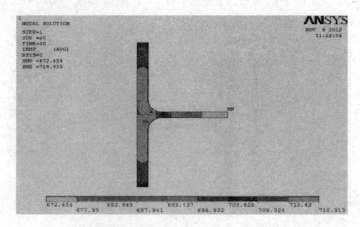

图 6 – 27　四号方案控冷 20s 截面温度场

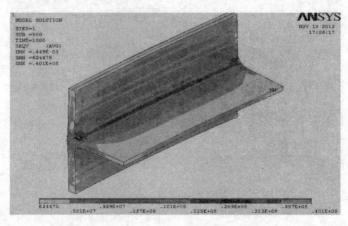

图 6 – 28　一号方案三维室温等效应力分布

应力为 40.1MPa，分布于 R 角，相比于不加冷却措施有了一定程度的减小。

6.5.2　二号方案结果及分析

二号方案应力场分析结果如图 6 – 30 和图 6 – 31 所示。

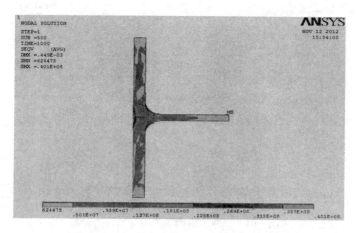

图 6-29   一号方案截面室温等效应力分布

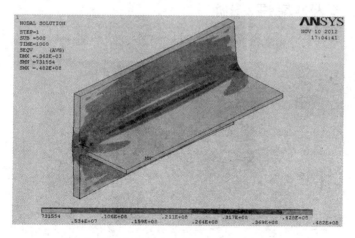

图 6-30   二号方案三维室温等效应力分布

图 6-30 和图 6-31 为 H 型钢经二号方案控制冷却至室温时的
应力场。由图中可以分析得出：应力沿长度方向分布基本均匀，最大
应力为 48.2MPa，在翼缘的中部出现。对比一号方案与二号方案可以
发现，较大的应力均出现在水流密度大的部位，这与残余应力主要是
由温度分布不均引起的预测相符。

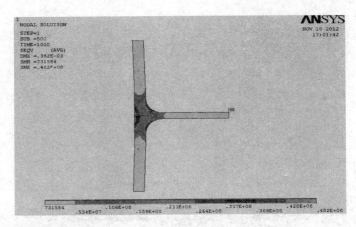

图 6 – 31　二号方案截面室温等效应力分布

6.5.3　三号方案结果及分析

　　三号方案应力场分析结果如图 6 – 32 和图 6 – 33 所示。

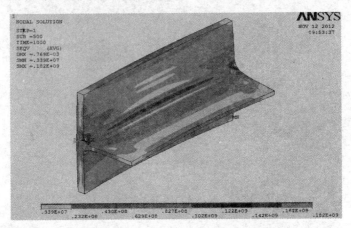

图 6 – 32　三号方案三维室温等效应力分布

　　图 6 – 32 和图 6 – 33 为 H 型钢经三号方案控制冷却至室温时的应力场。由图中可以分析得出：最大应力为 182MPa，远远大于一号方案与二号方案，这主要是由于其较高的水流密度使其在控制冷却时

温度迅速下降，同时断面的温度不均并没有得到缓解，温差反而比一号方案与二号方案更大。返红后温度也相对较低，剧烈降温时产生的应力缓解有限。

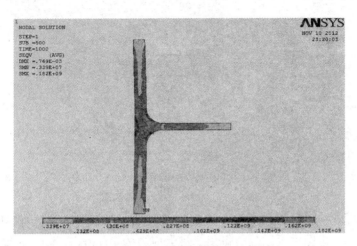

图6-33　三号方案截面室温等效应力分布

6.5.4　四号方案结果及分析

四号方案应力场分析结果如图6-34和图6-35所示。

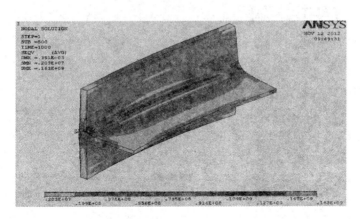

图6-34　四号方案三维室温等效应力分布

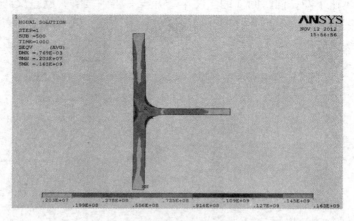

图 6 – 35　四号方案截面室温等效应力分布

图 6 – 34 与图 6 – 35 为 H 型钢经四号方案控制冷却至室温时的应力场。由图中可以分析得出：最大应力为 163MPa，也远远大于一号方案与二号方案，但比三号方案稍小，这主要是由于其在控制冷却时断面的温度不均并没有得到缓解，温差反而比一号方案与二号方案更大，但是温差比三号方案小，所以应力稍小，由此进一步验证了残余应力与温度场分布的关系。

6.6　方案对比与总结

将四种方案的温度场、应力场与位移场分析结果整理为表6 – 6。

表 6 – 6　四种方案数据对比

方案编号	一号方案	二号方案	三号方案	四号方案
控冷最高温度/℃	690	699	663	749
控冷最低温度/℃	548	532	474	593
控冷阶段温差/℃	142	167	189	175
返红最高温度/℃	615	604	576	713
返红最低温度/℃	586	567	521	672
返红阶段温差/℃	29	37	55	44

续表 6 - 6

方案编号	一号方案	二号方案	三号方案	四号方案
总水流密度/L·(m²·s)⁻¹	24	24	28.5	19.5
最大应力/MPa	40.1	48.2	182	163

综合分析四个方案,可以总结出如下几点:

(1) 随着总水流密度的增加,轧件的温度整体下降幅度增大,无论是喷雾冷却阶段还是空冷阶段,最高温度与最低温度都相应有一定程度降低,这有利于减少轧件整个的冷却时间,有助于减小冷床压力,提高生产效率。

(2) 从控制组织的角度考虑,希望在喷雾冷却阶段将轧件的最高温度降低到 700℃ 以下,这对冷却能力有一定要求。本模拟采取喷雾冷却计算换热系数而不是普通的强制对流计算换热系数正是基于此点考虑。四个方案中,只有四号方案的最高温度依然高于 700℃,二号方案的最高温度为 699℃,说明总水流密度为 24L/(m²·s)左右是保证喷雾冷却期间奥氏体基本完全转变为铁素体的最低限度。

(3) 结合自然空冷的计算结果,提出一号与二号两种控制冷却方案,对 H 型钢温度最高区域加强冷却。一号方案基于 H 型钢 R 角、翼缘与腹板三个部位散热能力依次降低的特点分别施加从高到低三种水流密度。二号方案从 H 型钢整体构成考虑,翼缘较厚而腹板较薄,施加最大与最小水流密度,R 角部位辅助冷却,施加中等水流密度。数据表明,在相同的总水流密度下,采用一号方案的轧件具有更小的温差,且最高温度低于二号方案,相比之下更优。

(4) 考察温差与应力的关系可以发现:喷雾冷却阶段的温差相对大小与返红后的温差相对大小一致,并且也与冷却至室温时的最大应力相对大小一致。由于本章假设初始残余应力为零,因此室温时的残余应力主要为冷却过程所产生,冷却时温度分布不均匀程度是影响残余应力大小的主要原因。计算结果与此相符,说明计算模型正确。

(5) 四个优化方案中,一号方案冷却时的断面温度均匀性与室温时的最大应力更优,且控冷的终冷温度有利于 H 型钢组织性能的提高,是更为合理的冷却方案。

参 考 文 献

[1] 国内外中小型型钢轧制技术数据汇编. 北京钢铁设计研究总院信息室. 小型钢厂轧制大型和中型型钢的办法 [J]. 朱一民, 译. 1996 (5): 173 ~ 189.

[2] 傅建设. 轧制 H 型钢在我国的发展 [J]. 南方钢铁, 1995, 8 (3): 6 ~ 7.

[3] 吴结才, 奚铁. 国内热轧 H 型钢生产及应用现状 [J]. 马钢科研, 2001 (3): 1 ~ 7.

[4] 侯奇. 中国热轧 H 型钢市场 [J]. 江西冶金, 2004, 24 (6): 29 ~ 32.

[5] 秦国庆, 韩静涛. H 型钢生产状况及分析 [J]. 金属成形工艺, 1999, 17 (2): 4 ~ 6.

[6] 张敦军, 张敦庆. 浅谈在结构设计中应用 H 型钢的几点体会 [J]. 工程师, 2001, 86 (5): 16 ~ 20.

[7] 何志华. 浅议国产 H 型钢在工程中的应用 [J]. 安徽建筑, 2000 (1): 98 ~ 101.

[8] 朱立群. 热轧 H 型钢工程应用的探讨 [J]. 安徽建筑, 2001 (5): 71 ~ 72.

[9] 秦军军. 浅谈 H 型钢生产技术及应用 [J]. 山西冶金, 2009 (5): 72 ~ 73.

[10] 谭健. H 型钢轧制工艺的发展 [J]. 天津冶金, 2010, 1: 17 ~ 19.

[11] 徐峰, 何彩红, 徐勇. 国内热轧 H 型钢工艺特点 [J]. 钢铁研究 2009, 37 (8): 59 ~ 61.

[12] 日下部俊, 三原豊. 圧延 H 形鋼の残留応力発生機構の解析 [J]. 鉄と鋼, 1979, 65 (9): 1375 ~ 1382.

[13] 日下部俊, 三原豊. 圧延 H 形鋼の残留応力の抑制と制御 [J]. 鉄と鋼, 1979, 65 (9): 1383 ~ 1390.

[14] 日下部俊, 三原豊. 圧延 H 形鋼の使用特性にょぼす残留応力の影響 [J]. 鉄と鋼, 1979, 65 (9): 1391 ~ 1399.

[15] 吴迪, 白光润. 有张力时 H 型轧件在轧边孔型中的前滑 [J]. 钢铁, 1985, 20 (7): 47 ~ 51.

[16] 吴迪, 白光润. H 型轧件轧边端孔型中边部压弯的分析 [J]. 钢铁, 1986, 21 (10): 66 ~ 68.

[17] 吴迪, 白光润. 带张力时在轧边孔型中轧制 H 型轧件的轧制力和力矩的研究[C] // 轧钢理论文集 (第三集上). 北京: 中国金属学会轧钢学会, 2010: 242 ~ 248.

[18] 金晓光. H 型钢连轧过程理论与实验研究 [D]. 秦皇岛: 燕山大学, 1995: 1 ~ 15.

[19] 林宏之. H 型钢万能轧机设定控制的数学模型 [J]. 国外钢铁, 1994(10): 54 ~ 59.

[20] 刘相华. 刚塑性有限元及其在轧制中的应用 [M]. 北京: 冶金工业出版社, 1994 (4): 9 ~ 12.

[21] 刘建军. 用三维弹塑性有限元法计算轧制 H 型钢时腹板的单位压力分布 [D]. 秦皇岛: 燕山大学, 2009: 5 ~ 12.

[22] 刘建军, 曹鸿德, 赵文才. H 型钢轧制时腹板单位压力分布的三维弹塑性有限元法计算方法 [J]. 钢铁, 1994, 29 (4): 29 ~ 33.

[23] 刘建军，曹鸿德，赵文才. 用万能法轧制 H 型钢时腹板单位压力分布规律的实验研究 [J]. 重型机械，2010 (5)：14～17.

[24] Kiuchi M，Yanagimoto J. Computer aided simulation of universal rolling processes [J]. ISIJ International，2010，30 (2)：142～149.

[25] Iguchi T，Hayashi H，Yarita I. Stress analysis of H－beam universal rolling by rigid－plastic FEM [C] //1stInternational Conference on Modeling of Metal Rolling Processes. London，UK：Imperial College，1993，707～719.

[26] 崔振山. H 型钢轧制过程变形和微观组织演变的计算及模拟 [D]. 秦皇岛：燕山大学，1999：2～14.

[27] 贺庆强，孙佳，袁宝民，等. H 型钢多道次粗轧工艺过程的数值分析 [J]. 华南理工大学学报（自然科学版），2010，38 (1)：144～148.

[28] 王莹，钱键清. H 型钢纵向裂纹的分析 [J]. 马钢科技，1999 (2)：13～16.

[29] 郝少锋. H 型钢常见轧制缺陷产生原因及处理方法 [J]. 莱钢科技，2002 (5)：47～50.

[30] 林大超，覃源. H 型钢腰部无波浪轧制的条件 [J]. 云南冶金，1993 (3)：49～50.

[31] 周光理，陶凌彦. H 型钢轧制弯曲缺陷及预防措施 [J]. 安徽冶金，2009 (4)：41～43.

[32] 刘建华，包燕平. Nb－V 微合金化 H 型钢 BS55C 表面裂纹成因分析 [J]. 特殊钢，2006 (1)：45～47.

[33] 蒲红兵，张涛. H 型钢矫直后形成 S 侧弯缺陷研讨 [J]. 莱钢科技，2005 (6)：118～120.

[34] 郝少锋. H 型钢腿部常见轧制缺陷产生原因及处理方法 [J]. 莱钢科技，2002 (2)：106～107.

[35] 应富强，张更超，潘孝勇. 三维有限元模拟技术在金属塑性成形中的应用 [J]. 锻压设备与制造技术，2003 (5)：10～13.

[36] 陈军，王玉国，王跃先，等. 金属塑性成形有限元模拟中的六面体再划分研究进展 [J]. 塑性工程学报，2002，9 (3)：1～4.

[37] 赵海鸥. LS－DYNA 动力分析指南 [M]. 北京：兵器工业出版社，2003：23～26.

[38] 周纪华，管克智. 金属塑性变形阻力 [M]. 北京：机械工业出版社，1989：211～229.

[39] 刘才，卜勇力，赵文才，等. H 型钢轧制翼缘不同压下量的应力应变分析 [J]. 轧钢，1999，8 (4)：11～13.

[40] 杨栋，王俊生，李超，等. 热轧 H 型钢腹板波浪的分析及解决措施 [J]. 莱钢科技，2006，3：42～43.

[41] 邹勇，郭希俊，郭华，等. H 型钢万能轧制的模拟 [J]. 2008，1：12～16.

[42] 王哲. H 型钢万能轧制的变形特性 [J]. 河北冶金，1993，74 (2)：36～39.

[43] 周光理，陶凌彦. 热轧 H 型钢腹板波浪质量攻关 [J]. 轧钢，2003，2 (20)：

69~70.

[44] 刘战英. 轧制变形规程优化设计 [M]. 北京：冶金工业出版社，1996：247~251.

[45] 刘思功，宋恒俊，管丙雨，等. H型钢通常性腹板浪的控制 [C] //2008年全国轧钢生产技术会议文集，2008：450~452.

[46] Ma Jinhong, Chen Wei, Zheng Shenbai. The uniform elongation of web and flange of H – beam [J]. Advanced Materials Research, 2009, 79~82：1919~1922.

[47] 马劲红，刘晓潘，姚晓晗，等. H型钢腹板和翼缘均匀延伸研究 [J]. 热加工工艺，2014，43 (11)：133~135.

[48] 程向前. X–H轧制孔型设计技术 [J]. 山西冶金，2006 (3)：26~27.

[49] 张文满，吴恩结. X–H轧制法在马钢H型钢厂的应用 [J]. 轧钢，2004 (2)：69~71.

[50] 张文满，吴恩结. X–H轧制法在H型钢厂的运用 [J]. 马钢技术，2003 (3)：44~47.

[51] 张文满，吴恩结，周光理. 马钢H型钢万能轧机辊型设计和配置 [J]. 安徽冶金，2003 (3)：48~50.

[52] 程鼎. 热轧H型钢的孔型设计 [J]. 轧钢，2002，19 (4)：15~16.

[53] 奚铁，钱奕峰，章静. H型钢开坯轧制变形分析 [J]. 2004，21 (6)：47~49.

[54] 罗双庆，李忠义，张文满，等. H型钢开坯轧制过程金属流动的有限元分析 [J]. 安徽冶金，2005，3：4.

[55] 徐旭东，刘相华，吴迪，等. 改善H型钢断面均匀性的研究 [J]. 塑性工程学报，2003，10 (5)：82~85.

[56] Xu Xudong, Wang Binxin, Liu Xianghua et al. FEM simulation of contrlled cooling of H – beam [J]. Journal of Iron Steel Research, 2005, 17 (2)：30.

[57] 徐旭东. H型钢轧制过程的数值模拟 [D]. 沈阳：东北大学，2005.

[58] 马光亭，臧勇. H型钢万能轧制过程中金属流动的有限元分析 [J]. 北京科技大学学报，2008 (2)：165~168.

[59] Zang Y, Wang H G, Cui F L. Elastic – plasticity analyse of bending deflection on section roller straightening [J]. Chin J Mech Eng., 2005, 41 (11)：47~48.

[60] Komori K. Rigid – plastic finite – element method for analysis of three – dimensional rolling that requires small memory capacity [J]. Int. J Mechan Sci., 1998, 40 (3)：479~480.

[61] Komori K, Koumura K. Simulation of deformation and temperature in multi – pass H – shape rolling [J]. Mater Proc. Techn., 2000, 105 (24)：24~25.

[62] Yanajimoto J. Strategic FEM simulator for innovation of rolling mill and process [J]. Mater Process Technol, 2002, 130 (13)：224~225.

[63] 冯宪章，刘才，江光彪. 立辊锥角对H型钢翼缘宽展的影响 [J]. 钢铁，2004，139 (10)：23~25.

[64] 冯宪章, 李新法, 刘才. H 型钢成型过程中头部位移场的数值模拟 [J]. 锻压技术, 2007, 32 (6): 157~160.

[65] Ma Jinhong, Li Hui, Li Hongbin, et al. Control on head displacement of H – beam in rolling process [J]. Advanced Materials Research, 2011, 189~193: 2814~2817.

[66] 马劲红, 陶彬, 姚晓晗, 等. H 型钢轧制规程对端部舌形的影响 [J]. 锻压技术, 2014, 39 (8).

[67] Eda Y, Kim Y C, Yuan M G. A Predicting method of welding residual stress using source of residual Stress (Report I): Characteristics of inherent strain (source of residual stress) (mechanics, strength & structural design) [J]. Transactions of JWRI, 1989, 18 (1): 135~141.

[68] 付军, 王秋成, 胡晓冬. 7050 铝合金板材深冷处理时温度场的数值模拟 [J]. 低温与特气, 2005, 23 (2): 20~23.

[69] Aoki S, Nishimura T, Hiroi T. Reduction method for residual stress of welded joint using random vibration [J]. Nuclear engineering and design, 2005, 235 (14): 1441~1445.

[70] 吴德海, 任家烈, 陈森灿. 近代材料加工原理 [M]. 北京: 清华大学出版社, 1997: 261.

[71] 朱国明, 康永林, 马光亭. 热轧大型 H 型钢残余应力相关研究 [J]. 塑性工程学报, 2010 (5): 88~92.

[72] Yoshida H. Reduction of Residual Stress in Hot Rolled H – Beams [J]. Transactions ISIJ, 1984, 20 (8): 526~534.

[73] Takashi Kusakabe, Mihara Y. Effects of residual stresses in H – shapes on performance [J]. Transactions ISIJ, 1980, 24 (6): 471~477.

[74] 朱召泉. 钢结构构件稳定性问题浅析 [J]. 钢结构, 2011, 26 (3): 1~5.

[75] 张绪涛, 赵永生, 汤美安. 残余应力对等截面 H 型钢梁屈曲性能的影响研究 [J]. 钢结构, 2008, 23 (3).

[76] 龙丽华, 蒋健, 熊珍. 残余应力对等截面 H 型钢梁相关屈曲的影响分析 [J]. 钢结构, 2006, 21 (1): 49~53.

[77] 赵建琴. H 型钢冷却过程的热应力分布规律研究 [J]. 机械设计与研究, 2010, 26 (2): 89~91.

[78] 管奔, 臧勇, 逄晓男, 等. H 型钢矫直过程残余应力演变机制研究 [J]. 中国石油大学学报 (自然科学版), 2012, 36 (5).

[79] 李红斌, 张树江, 葛晓红. H 型钢热轧过程中残余应力有限元模拟 [J]. 河南冶金, 2011, 19 (1): 22~24.

[80] 朱国明, 康永林, 陈伟, 等. 降低 H 型钢残余热应力的三维有限元仿真分析 [J]. 轧钢, 2007, 24 (1): 22~26.

[81] 吴林. 温差对型钢残余应力影响的研究 [J]. 安徽冶金, 2010 (3): 8~16.

[82] 戚寅寅, 吴保侨. 热轧 H 型钢与焊接 H 型钢残余应力初步测定分析 [J]. 马钢科

研，2001（2）：16~22.

［83］ 汤夕春，贺晓川，李维伟. 残余应力峰值对 H 型钢柱极限承载力的影响研究 ［J］. 国外建材科技，2006，6：21.

［84］ 谢世红，范杨，阮本龙. 热轧 H 型钢控制冷却工艺研究 ［J］. 轧钢，2004，5：5.

［85］ 马劲红，姚晓晗，任喜强，等. H 型钢残余应力控制研究 ［J］. 铸造技术，2014，35（7）.

［86］ 马劲红，任喜强，刘珊珊，等. 影响大型 H 型钢开坯过程残余应力的研究 ［J］. 河北联合大学学报，2014，36（1）：23~27.

［87］ Ma Jinhong, Zheng Shenbai, Tao Bin. Study on the Residual Stress in the Blooming Process of Large – Sized H – Beam ［J］. Advanced Materials Research, 2014, 898：205~208.

［88］ Senumz T, Suehiro M, Yada H. Mathematical models for predicting microstructural evolution and mechanical properties of hot strips ［J］. ISIJ International, 2010, 32（3）：423~432.

［89］ Yanagimoto J, Karhausen K, Brand A J, et al. Incremental formulation for the prediction of flow stress and microstructural change in hot forming ［C］//Journal of Manufacturing Science and Engineering, 1998, 120（5）：316~322.

［90］ Yanagimoto J, Liu J. Incremental formulation for the prediction of microstructural change in multi – pass hot forming ［C］//ISIJ International, 2010, 39（2）：171~175.

［91］ Liu J, Yanagida A, Sugiyama S, et al. The analysis of phase transformation for the prediction of microstructure change after hot forming ［C］//ISIJ International, 2001, 41（12）：1510~1516.

［92］ 马劲红，李慧. H 型钢轧制过程的再结晶数值模拟 ［J］. 河北联合大学学报（自然科学版），2012，2：35~39.

［93］ Ma Jinhong, Li Hui. The recrystallization simulation of H – beam rolling process. Advanced Materials Research, 2012, 117~119：1571~1575.

［94］ 马劲红，任喜强，刘晓潘. H 型钢轧制规程对其微观组织的影响 ［J］. 铸造技术，2014，35（5）：1045~1047.

［95］ 段玉玲. H 型钢的控制轧制技术 ［J］. 江西冶金，2010，19（2）：14~17.

［96］ 钱健清，吴结才. 控制技术在 H 型钢生产中的应用 ［J］. 钢铁，2003，38（3）：21~24.

［97］ 贾玉萍，吴迪. 热轧 H 型钢在线控冷 ［J］. 钢铁，2006（7）：45~48.

［98］ Ma Jinhong, Zheng Shenbai, Tao Bin. H – Beam cross sectional microstructure influence on its mechanical properties ［J］. Advanced Materials Research, 2014, 898：193~196.

［99］ 魏士政，赵德文，蔡晓辉，等. 控制冷却技术在实际生产中的应用 ［J］. 钢铁，2003，38（9）：46~50.

［100］ 倪洪启，刘相华，王国栋. 板带材控制冷却技术 ［J］. 金属成型工艺，2004，22（3）：53~55.

[101] 李曼云，孙本荣．钢的控制轧制和控制冷却技术手册 [M]．北京：冶金工业出版社，1990.

[102] 蔡晓辉，时旭，王国栋，等．控制冷却方式和设备的发展 [J]．钢铁研究学报，2001，13 (6)：56~60.

[103] 鲁怀敏，汪开忠，吴胜付，等．小 H 型钢轧后控制冷却系统的开发与应用 [J]．2011，36 (7)：103~105.

[104] 夏佃秀，李兴芳，李建沛．控制轧制和控制冷却技术的新发展 [J]．山东冶金，2003，25 (5)：38~41.

[105] 谢世红，范杨，阮本龙．热轧 H 型钢控制冷却工艺研究 [J]．轧钢，2004，21 (5)：15~17.

[106] Stepanor G V, Kallina L N. Unit for controlled cooling of flat – rolled products on the 2800 mill [J]. Metallurgist (Historical Archive), 2002, 29 (100): 325~328.

[107] Biswas S K, Chen S J, Satyanarayana A. Optimal temperature tracking for accelerated cooling processes in hot rolling of steel [J]. Dynamics and Control, 1997, 7: 327~340.

[108] Saroj K Biswas, Shih – J Chen, et al. Optimal temperature tracking for accelerated cooling processes in hot rolling of steel [J]. Dynamics and control, 1997 (4): 327~340.

[109] Disle William D. Using on – line predictive computer modeling to optimize heat treat processing [J]. Industrial Heating, 1996 (7): 51~56.

[110] Kazeminezhad M. The effect of controlled cooling after hot rolling on the mechanical properties of a commercial high carbon steel wire rod [J]. Materials & design, 2003, 24 (6): 415~421.

[111] 郭娟，吴迪．H 型钢轧后控制冷却的研究与应用 [J]．钢铁研究学报，2007，19 (5)：40~43.

[112] 谢建华，魏兴钊，黄鹏．数值模拟与热处理技术进步 [J]．热处理技术与装备，2006，27 (5)：9~14.

[113] 陈洪苏．金属材料物理性能手册 [M]．第一分册．北京：冶金工业出版社，1987：67~68.

[114] 程柏松，肖纳敏，李殿中，等．界面换热系数对淬火过程变形模拟影响的敏感性分析 [J]．金属学报，2012，48 (6)：696~702.

[115] 王泽鹏，张秀辉，胡仁喜．ANSYS12.0 热力学有限元分析从入门到精通 [M]．北京：机械工业出版社，2010：29~30.

[116] Campo A, Salazar A, Rebollo D. Modeling numerical simulation and experimental verification of the unsteady cooling of a solid body in quiescent ambient air [M]. Heat and Mass Transfer Springer – Verlag, 2003.

[117] Nagasaka Y. Mathematical model of phase transformation and elastic – plastic stress in the water spraying quenehing of steel bar [J]. Metall. Trans., 1993 (4): 795~888.

[118] Ian Stewart. Heat transfer coefficient effects on spray cooling. Iron and Steel Engineer, 1996 (7): 17~22.

[119] 刘燕春, 曹丰平, 马久陵, 等. 热轧中型角钢自然和控制冷却的计算机模拟 [J]. 钢铁. 1996, 31 (4): 59~64.

[120] 朱国明, 康永林, 陈伟, 等. H 型钢空冷过程中残余热应力的有限元分析 [J]. 机械工程材料, 2008, 32 (4): 77~80.

[121] 马劲红, 姚晓晗, 陶彬, 等. H 型钢轧后冷却对热应力的影响 [J]. 热加工工艺, 2014, 43 (13): 121~123

[122] Ma Jinhong, Yao Xiaohan, Tao Bin, et al. Cooling effects of H – beam after rolling on thermal Stress [J]. Advanced Materials Research, 2014, 898: 233~236.

冶金工业出版社部分图书推荐

书　　名	定价(元)
轧钢工艺学	58.00
轧钢生产实用技术	26.00
轧钢机械设备	28.00
轧钢机械（第3版）	49.00
轧钢机械设计	56.00
轧钢设备维护与检修	28.00
轧钢机械设备维护	45.00
轧钢车间设计基础	20.00
板带轧制工艺学	79.00
高精度板带材轧制理论与实践	70.00
二十辊轧机及高精度冷轧钢带生产	69.00
连铸连轧理论与实践	32.00
连铸坯热送热装技术	20.00
薄板坯连铸连轧钢的组织性能控制	79.00
高速轧机线材生产	75.00
轧钢生产问答	36.00
轧钢生产基础知识问答（第3版）	49.00
轧钢生产新技术600问	62.00
轧钢机械知识问答	30.00
小型连轧及近终形连铸500问	18.00
型钢生产知识问答	29.00
热轧钢管生产知识问答	25.00
英汉金属塑性加工词典	68.00
中国中厚板轧制技术与装备	180.00
中国冷轧板带大全	138.00